수학 퍼즐 랜드

친근한 소재로 퍼즐을 푼다

다무라 사부로 지음
한명수 옮김

BLUE BACKS
韓國語版

数学パズルランド
身近な素材でパズる
B-904 ⓒ 田村三郎
1992
日本國・講談社

이 한국어판은 일본국 주식회사 고단샤와의 계약에 의하여
전파과학사가 한국어판의 번역·출판권을 독점하고 있습니다.

【지은이 소개】

田村三郎 다무라 사부로
1927년 오사카 부(大阪府)에서 태어났다. 오사카 대학 이학부 수학과 졸업, 전공은 수학 기초론. 야마구치(山口) 대학 교양부 교수, 고베(神戶) 대학 교육학부 교수를 거쳐 현재 고베 대학 명예교수. 오사카 산업 대학 교수. 대학에서는 '놀이터 마음'을 끌어들인 수학 교육을 목표로 하고 있다. 저서에 『교양의 기호 논리』, 『교실에 퍼스컴을』(공저), 블루백스에 『방정식의 이해와 해법』(B64), 『프랑스 혁명과 수학자들』(B83) 『오답으로부터 배운다』(B110, 공저) 등 다수가 있다.

【옮긴이 소개】

韓明洙 한명수
1927년 함남 함흥생. 서울대 사범대 수학. 전파과학사 주간. 동아출판사 편집부 근무. 신원기획 일어부장 역임. 역서로는 『현대물리학 입문』, 『인류가 태어난 날 Ⅰ·Ⅱ』, 『궁극의 가속기 SSC와 21세기 물리학』 등 다수가 있다.

머리말

 지금까지는 지식을 많이 가지고 있는 사람, '만물박사', '박식가'가 존중되어 왔다.
 먼 옛날, 문자가 발명될 때까지는 나라의 중요한 일은 기억력이 뛰어난 사람에 의해서 기억되어 그것을 대대로 전승해 왔다. 히에다노(稗田阿札)가 기억하고 있던 고사를 오오노(太安麻呂)가 필기한 것인데, 그 이후는 히에다노와 같은 사람은 필요없게 되고 오오노와 같이 문자를 읽고 쓸 수 있는 사람이 중히 여겨지게 되었다.
 상업이나 과학기술이 진보함에 따라 읽기·쓰기 이외에 수판, 즉 수의 계산을 할 수 있는 것도 인간에게 필요한 요건이 되었다.
 그런데 20세기 후반, 컴퓨터가 발명되기에 이르러 근본적인 정보혁명이 사회 속에 야기되었다. 지식을 기억하는 능력은 인간 특유의 것으로 생각되어 왔는데 컴퓨터의 출현에 의하여 인간의 우위는 무너져 버리고 말았다.
 또 계산기능에 대해서도 특별한 사람을 제외하고는 인간이 컴퓨터보다 뒤떨어지는 것이 명백하게 되었다. 그림을 그리는 능력, 악기를 연주하는 기능 등에 관해서조차 얼마 후에는 인간보다도 컴퓨터가 뛰어나게 될 것이 눈에 선하다.
 인간이 학습해야 할 일이 지식의 획득, 기능의 수득(修得)이 아니라면 앞으로 무엇을 학습해야 하는가.
 그 중 하나는 문제를 만들고 그것을 푸는 능력의 습득이라고 생각된다. 단지 시험문제를 푸는 것 뿐만 아니라 인간이 살아가는 데에 직면하는 여러 가지 문제를 해결해 나가야 하는 것도 포함하고 있다.

수학적 문제의 경우 수식으로 정식화된 후라면 컴퓨터 쪽이 신속하고 또한 정확하게 해결할 것이다.

그러나 문제는 일상적인 여러 현상이 획일적으로 정식화되고 있지 않은 데 있다. 문제를 정식화하는 일조차 현재의 컴퓨터는 서툴다. 하물며 일상적 현상 중에서 흥미 깊은 테마를 찾아내어 그것을 문제로 제출하고 그 내용을 수학적으로 표현하는 따위는 현재의 컴퓨터에게는 아직도 어려운 일이다.

또 하나, 인간이 학습해야 할 중요한 일은 정의적인 측면이다. 이 중에는 대인 관계라든가 사회적 모델의 학습 등이 포함되고 있는 동시에 아름다운 것에 대한 감동이라든가 즐거움, 재미있음과 같은 인간적인 정의적 측면을 포함하고 있다.

이 책과 같은 퍼즐적 소재는 사람들의 마음에 흥미를 솟아나게 하고 스스로 풀어 보려는 도전 의욕을 갖게 하는 것이다.

성냥개비, 색종이, 동전, 시계, 전자계산기, 주사위 등 친근한 재료를 기초로 그 속에 있는 수리적 사항을 끌어내어 흥미 깊은 퍼즐 문제를 만드는 것은 인간만이 할 수 있는 재주이다.

기억하고 있는 지식만을 기초로 하여 답하는 퀴즈식의 문제가 아니고 주어진 조건만으로 풀어 가면서 어떻게 하여 아리아드네(Ariadne)의 실을 풀면 되는지 생각하는 퍼즐적 문제는 21세기의 학습 형태를 성취한 것이라고 할 수 있겠다.

1992년 1월

다무라 사부로

차례

머리말 ··· 3

제1장 수의 퍼즐──헤이세이 변환이란 ································ 9
    곱을 최대로   20
    불가사의한 분수   22
    역순의 수와의 차와 합   25
    곱하여 역순이 되는 수   27
    크로스 넘버 퍼즐   31

제2장 동전으로 퍼즐을 푼다──동전의 배치 ······················ 33
    H(수소)와 O(산소)의 상호 변환   43
    동전의 요술   47
    동전의 회전   49
    동전의 무게   53
    몇 개 들어가는가?   55

제3장 계량의 퍼즐──눈금이 없어진 자 ····························· 57
    노아의 방주   64
    빗나간 천칭   66
    남은 술   68
    됫박으로 나눈다   70
    6개의 다이아몬드   72

제4장 성냥개비의 퍼즐──삼각형의 분할 ·························· 75
    성냥개비의 수식   85

성냥개비로 둘러싼다　87
끝에 3개　89
정삼각형의 개수　91
직사각형을 없앤다　95

제 5 장　도형의 퍼즐──정삼각형만이다 ·················97
원에 접하는 다각형　105
평행사변형의 변의 중점　107
소의 뿔　109
4장의 은행잎　111
각의 크기　113

제 6 장　종이접기의 퍼즐──2장의 색종이 ················115
겹친 부분　123
겹치지 않는 부분　125
정사각형일까?　127
몇 도인가?　129
넓이 $\frac{1}{3}$, $\frac{1}{5}$의 정사각형　131

제 7 장　시계의 퍼즐──시계 이야기 ··················133
분자반의 분할　139
정확한 시각　141
사용하는 소자, 사용하지 않는 소자　143
가장 잘 사용되고 있는 시간　145
10자리 표시　147

제 8 장　스포츠의 퍼즐──야구의 승률 ················151

  럭비의 득점　*152*
  고시엔　*154*
  승점제　*156*
  세－리그와 퍼－리그　*158*
  매직 넘버　*160*

제 9 장　전탁의 퍼즐──함수키로 만들어지는 수 ············*165*
  전탁 숫자로 영어 단어를　*173*
  빙그르 돌기　*175*
  전탁의 불가사의한 수　*177*
  세로가 없어진 전탁　*179*
  전탁 벌레먹기 셈　*181*

제 10 장　생활의 퍼즐──소비세 문제 ······················*183*
  우편 요금　*191*
  손해 배상　*193*
  1표의 격차　*196*
  피타고라스 음계　*198*
  바코드의 체크 코드　*201*

제 11 장　놀이 기구의 퍼즐──주사위의 불가사의 ·········*207*
  트럼프 마술　*214*
  바둑돌의 수식　*216*
  검은 돌을 둘러싼다　*218*

후기 ··*221*

제 1 장

수의 퍼즐
헤이세이 변환이란

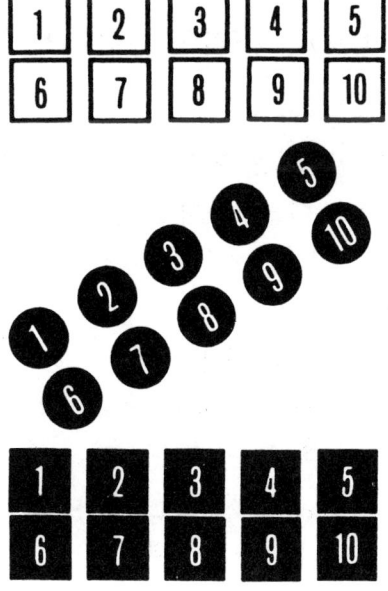

헤이세이 변환이란

귀에 설은 이 '헤이세이(平成變換)'라는 말은 교토 부(京都府)의 가미야마(上山秀幸) 씨가 헤이세이(平成 : 일본에서 현재 사용하고 있는 연호) 3년의 연하장에서 처음으로 사용한 말이다. 가미야마 씨의 연하장은 다음과 같았다.

> 아래와 같은 규칙으로 자연수 M에서 다른 자연수 N을 생성하는 조작을 《헤이세이 변환》이라고 부르기로 한다.
> '자연수 M의 연속된 각 자릿수가 자연수 N의 연속된 각 자릿수의 제곱이 되든가, 또는 제곱근이 된다'
> (예) 5̰63→2563→1̰63→49→7(4step)
> [문제]
> (서력) 1991(년)을 (헤이세이) 3(년)에 《헤이세이 변환》하라!

헤이세이 변환의 의미는 위의 예를 보기만 해도 알 수 있지만 노파심에 사족을 덧붙여 두기로 한다.

10진법으로 표시된 자연수 M을 10진법 표시의 자연수 N으로 변환하는 방법이다.

제곱이 되는 변환(제곱 변환)이란

$M=[xay]$를 $N=[xa^2y]$로 변환하는 것이고

제곱근이 되는 변환(제곱근 변환)이란

$M[xa^2y]$를 $N=[xay]$로 변환하는 것이다.

이들 제곱 변환이나 제곱근 변환을 몇 번 반복한 전체 변환

제1장 수의 퍼즐

을 헤이세이 변환이라고 한다.

기법 [xay]나 [xa^2y]에 대해서 설명한다. x, a, y는 모두 10진법에 의하여 표시된 몇 자리의 자연수에서 x나 a의 가장 윗자리의 숫자는 0이 아니다(y의 가장 위의 숫자는 0이라도 지장이 없고, x나 y가 전혀 없는 경우도 포함하여 생각한다). [xay]는 이들 3개의 자연수 x, a, y를 이 순서로 써서 생기는 새로운 자연수를 나타낸다.

또 a^2은 a^2을 계산한 10진법 표시에 의한 결과를 나타내며 [xa^2y]는 x, a^2, y를 이 순서로 쓴 자연수를 나타내고 있다(예를 들면, $x=12$, $a=25$, $a^2=625$, $y=003$일 때 [xa^2y]는 12625003을 나타낸다).

제곱 변환되는 자연수 a 아래 밑줄 ─을 긋고 제곱근 변환되는 자연수 a^2밑에 파선 〰〰를 그어 나타내었다. 예를 들면

<u>19</u>→3<u>6</u>1→61
<u>61</u>→3<u>6</u>1→<u>961</u>→31→91

가 된다. 이것을 평면상에 도시해 본다. 제곱 변환을 위에서 아래로, 제곱근 변환을 아래에서 위로 표시하면, 위의 2개의 변환 흐름은 오른쪽 그림처럼 도시된다.

그럼 문제의 해답을 시도해 본다.

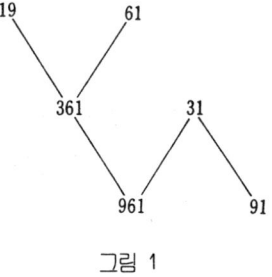

그림 1

3→9→81→641→6161

로 변환되는데, 여기서 위의 예를 이용하여 윗자리의 61을 19

에 변환하고, 아랫자리의 61을 91로 변환하면 전체로서 1991
로 변환된다.

6161 ⇒ 1961 ⇒ 1991

이 ⇒는 이 중 밑줄 부분이 몇 번 변환하여 화살표 방향으로
변형하는 것을 나타낸다.

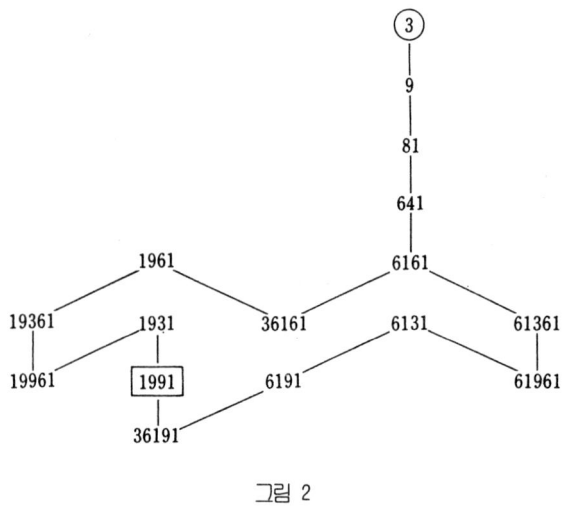

그림 2

이렇게 10번의 변환으로 3은 1991에 헤이세이 변환된다. 스
텝수는 그다지 의미가 없다고 생각되는데 다음과 같이 8스텝
으로 된다.

3→9→81→641→6161→361361→19961→1931→1991

이상으로 가미야마 씨의 연하장 문제는 설명되었는데, 어떤
수가 3으로 헤이세이되는지, 모든 자연수는 1자리의 자연수로

제1장 수의 퍼즐

헤이세이 변환되는지 등의 문제를 생각해 보기로 하자.

자연수 a를 몇 번 (0번도 포함한다) 변환하여 자연수 b가 얻어질 때, $a≡b$로 나타내기도 한다. →보다 ≡가 좋은 것은 항상 역방향이 가능하기 때문이다(≡는 수학에서 말하는 동치 관계로 되어 있다).

정리 1 $a≡b$이면 $[xay]≡[xby]$

정리 2 (1) $2≡4≡6≡8$
  (2) $3≡7≡9≡11$

---

(1)의 증명

$\underline{2}≡\underline{4}≡\underline{16}≡1\underline{36}≡16\underline{96}≡16\underline{8}16≡1\underline{66}416≡\underline{1296}≡\underline{36}≡6$

$\underline{2}≡\underline{4}≡\underline{16}≡\underline{256}≡6\underline{256}≡6\underline{16}≡\underline{64}≡8$

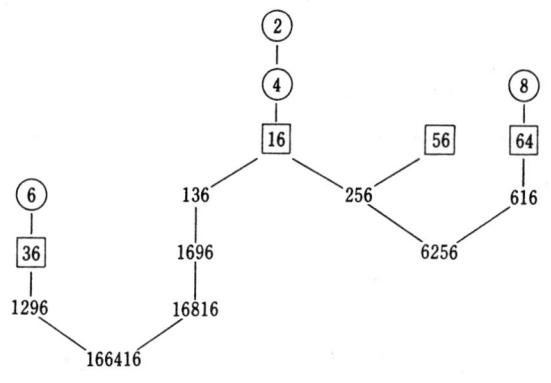

그림 3

(2)의 증명

$\underline{3}≡\underline{9}≡\underline{81}≡6\underline{41}≡6\underline{21}≡6\underline{441}≡\underline{841}≡\underline{29}≡\underline{49}≡7$

13

수학 퍼즐 랜드

$$3 \equiv 9 \equiv 81 \equiv 641 \equiv 6161 \equiv 36161 \equiv 1961 \equiv 141 \equiv 121 \equiv 11$$

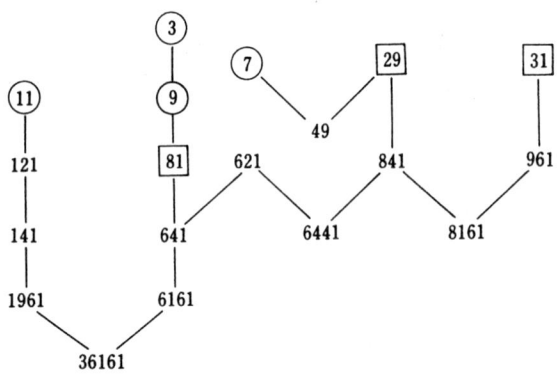

그림 4

정리 3 $[xa00y] \equiv [xa0y]$

증명

$[xa00y] \equiv [xa^200y] \equiv [xa0y]$

이 정리 3을 사용하면 0이 몇 개 이어진 곳은 0을 1개로만 할 수 있다.

정리 4 u, v는 정수이고 $u \geq 0$, $v > 0$이라고 한다($u=0$일 때 u는 전혀 없다고 한다).

(1) 10의 배수가 아닌 짝수는 2로 헤이세이 변환된다.
  $a = 2, 4, 6, 8$일 때
    $[ua] \equiv 2$
    $[ua0\cdots0] \equiv 20$

14

(2) 5의 배수가 아닌 3 이상의 홀수는 3으로 헤이세이 변환된다.

$a=3, 7, 9$일 때

　$[ua] \equiv 3$

　$[ua0 \cdots 0] \equiv 30$

$a=1$일 때

　$[v1] \equiv 3$

　$[v10 \cdots 0] \equiv 30$

단,

　$1 \not\equiv 3$

　$10 \cdots 0 \equiv 10 \not\equiv 30$

(3) 1의 자리가 5인 자연수는 5로 헤이세이 변환된다.

　$[u5] \equiv 5$

　$[u50 \cdots 0] \equiv 50$

(4) 이상에 의하여 모든 자연수는

　1, 2, 3, 4, 5, 10, 20, 30, 50

으로 헤이세이 변환된다.

엄밀한 증명은 수학적 증명에 의해야 하지만 개략의 증명은 다음과 같이 할 수 있다. 이하의 증명으로 p와 q는 모두 2, 4, 6, 8의 어느 숫자로, r은 3, 7, 9의 어느 것을 나타낸다고 한다.

(1)의 증명

정리 2의 (1)과 (2)에서

　$2 \equiv 4 \equiv 6 \equiv 8$,　$3 \equiv 7 \equiv 9$

이었으므로

$[1p] \equiv 16$, $\quad [qp] \equiv 64$, $\quad [rq] \equiv 36$, $\quad [5p] \equiv 56$

라고 할 수 있다. 그런데 그림 3을 보면

$2 \equiv 16$, $\quad 2 \equiv 64$, $\quad 2 \equiv 36$, $\quad 2 \equiv 56$

이 되어 있으므로 10의 배수가 아닌 2자리의 짝수는 어느 것이나 헤이세이 변환되는 것을 알게 된다.

어떤 자리도 0이 아닌 짝수에 대해서는 아래 2자리씩 차례대로 2로 변환해 가면 결국 2에 헤이세이 변환된다. 다음에는 어떤 자리에 0이 들어가 있는 것을 생각하는데 10의 자리가 0의 3자리인 것을 생각해 두면 충분하다.

$[10p] \equiv \underline{106} \equiv \underline{11236} \equiv 2$

$[q0p] \equiv \underline{206} \equiv \underline{42436} \equiv 2$

$[r0p] \equiv \underline{306} \equiv \underline{93636} \equiv 2$

$[50p] \equiv \underline{502} \equiv 25\underline{2004} \equiv \underline{252} \equiv 2$

$\quad (\because \underline{2004} \equiv \underline{204} \equiv 2)$

이상에서 10의 배수 이외의 모든 짝수는 2에 헤이세이 변환되는 것을 알 수 있다.

(2)의 증명

u가 0 이상의 정수일 때, (1)에서 증명한 것처럼 $[u\ 4] \equiv 2$이다. 따라서

$[ur] \equiv [u\ 7] \equiv [\underline{u49}] \equiv \underline{29} \equiv 3$

$(\because$ 정리 2에서 $2 \equiv 8$, 그림 4에서 $81 \equiv 3)$

u의 1의 자리 숫자가 3, 7, 9일 때, 위에서 증명한 것같이

제1장 수의 퍼즐

$u \equiv 3$이므로

[u 1]$\equiv \underline{31} \equiv 3$ ($\because$ 그림 4에서)

또한 그림 4에서 11$\equiv$3이라고도 할 수 있으므로

$\underline{51} \equiv 2\underline{6}01 \equiv \underline{2401} \equiv \underline{49} \equiv 3$

으로도 되므로 1의 자리가 1인 2자리의 자연수도 3으로 헤이세이 변환된다.

이상에서 5의 배수가 아닌 3 이상의 2자리의 홀수는 모두 3으로 헤이세이 변환되는 것을 알게 되었다.

어느 자리에도 0이 나타나지 않는 5의 배수 이외의 (3 이상의) 홀수를 아래의 2자리씩 차례대로 3으로 헤이세이 변환해 가면, 결국 3으로 헤이세이 변환된다. 따라서 도중에 0이 나타나는 경우를 생각해 본다.

u가 양의 정수일 때, [u 04]$\equiv$2가 되는 것이 이미 증명되어 있으므로

[u 0 r]$\equiv$[u 0$\underline{7}$]$\equiv$[$\underline{u049}$]$\equiv \underline{29} \equiv 3$ (그림 4에서)

다음에 1의 자리 숫자가 1일 때를 생각한다.

[q 01]$\equiv \underline{2}01 \equiv \underline{2401} \equiv \underline{49} \equiv 3$
   ($\because q \equiv 2 \equiv 24$)
[r 01]$\equiv \underline{3}01 \equiv \underline{9}0601 \equiv \underline{2}01 \equiv 3$
$\underline{1}01 \equiv \underline{1}0291 \equiv \underline{2}01 \equiv 3$
$\underline{5}01 \equiv 251\underline{0}01 \equiv 25\underline{1}01 \equiv \underline{253} \equiv 3$

17

이상에서 5의 배수 이외의 어떤 (3 이상의) 홀수도 3으로 헤이세이 변환된다.

(3)의 증명

u가 0 이상의 정수 일 때, $[u\,2]\equiv 2$가 되는 것이 알려져 있으므로

$[u\,\underline{5}]\equiv[\underline{u25}]\equiv\underset{\sim}{25}\equiv 5$

10의 배수가 되는 것에 대해서는 끝자리의 0을 전부 제거한 다음에 1자리의 수로 헤이세이 변환하고 끝으로 0을 1개 붙이면 된다. 또 1로 헤이세이 변환되는 수는 1 이외는 없고 10으로 헤이세이 변환되는 것은 10⋯0 이외에는 없다.

이 식을 정리하면 다음과 같다.

정리

$p=2,\,4,\,6,\,8\,;\quad r=3,\,7,\,9$

u와 v는 정수이고 $u\geqq 0,\,v>0$
($u=0$일 때, u는 전혀 없는 것으로 생각한다).

$1\equiv 1$
$2\equiv[up]$
$3\equiv[v\,1]\equiv[ur]$
$5\equiv[u\,5]$
$10\equiv 10\cdots 0$
$20\equiv[up\,0\cdots 0]$

$$30 \equiv [v\ 10\cdots0] \equiv [ur\ 0\cdots0]$$
$$50 \equiv [u\ 50\cdots0]$$

이것으로 모든 문제는 해결되었다. 각자 여러 가지 자연수를 가장 적은 **변환** 횟수로 서로 헤이세이 변환해 보기 바란다.

도카이(東海) 대학의 하나자와(花沢正純) 씨는 10진법뿐 아니라 일반적인 n진법에 대하여 마찬가지로 생각하면 어떤지 제안하였다.

(1) 곱을 최대로

몇 개 자연수의 합이 10이 될 때, 그들 자연수의 곱을 최대로 하려고 한다. 10을 어떤 자연수의 합으로 분해하면 될까? 3+7로 하였을 때의 곱 21보다 5+5로 하였을 때의 곱 25가 더 크지만 더 크게 할 수는 없을까? 실제로 3+3+4로 하였을 때의 곱은 무려 36이나 되어 이것이 최대이다.

문제 1 1991을 몇 개 자연수의 합으로 분해하고 그들 자연수의 곱을 최대로 하라.

문제 2 자연수 N을 몇몇 자연수의 합으로 분해하여 그들 자연수의 곱을 최대로 할 때 어떻게 하면 될까?

이와 같은 종류의 문제는 1967년 수학 올림픽에 출제되었다.

[해답] 문제 1. 최대값 2×3^{663}

문제 2. $N=3n$일 때 최대값 3^n, $N=3n+1$일 때 최대값 $4\times 3^{n-1}$, $N=3n+2$일 때 최대값 2×3^n

일반적으로 문제 2를 생각해 본다.
먼저 분해수에 1을 사용하는 것은 헛된 일이다.
$N=1+a+b+\cdots$
일 때
$1\times a\times b\times \cdots < (1+a)\times b\times \cdots$
이므로 1을 다른 수에 더하여 분해할 때 곱이 커진다.
다음에 5 이상의 수 a가 있다고 하자.
$N=a+b+\cdots=2+(a-2)+b+\cdots$
$a\times b\times \cdots < 2(a-2)\times b\times \cdots$
가 되므로 5 이상의 수를 사용하지 않는 편이 곱이 커진다.
또 4는 2+2로 써도 결과는 같다. 결국 2와 3만으로 분해하는 쪽이 곱이 더 커진다.
2가 3개 이상 있다고 하면
$2+2+2=3+3$
인데 $2\times 2\times 2 < 3\times 3$이므로 2를 사용한다고 해도 2개 이하이다.

따라서
$N=3n$일 때 최대값 3^n
$N=3n+1$일 때 최대값 $2\times 3^{n-1}$
$N=3n+2$일 때 최대값 2×3^n
이 되는 것을 알게 된다.

(2) 불가사의한 분수

$$\frac{2}{5} = \frac{26}{65} = \frac{266}{665} = \frac{2666}{6665} = \cdots$$

와 같이 분모, 분자의 6을 소거해도 분수의 값은 변하지 않는다.

문제 1 분모, 분자의 앞뒤에 같은 숫자를 덧붙여도 분수의 값이 변하지 않는 1자리의 분수를 구하라(수의 피라미드 (1), 30페이지 참조).

문제 2 분모, 분자의 앞뒤에 같은 2자리의 수를 덧붙여도 분수의 값이 변하지 않는 1자리의 분수를 구하라(수의 피라미드 (2), 46페이지 참조).

제1장 수의 퍼즐

[해답] 문제 1. $\frac{2}{5}$ 외에 $\frac{1}{4}=\frac{16}{64}$, $\frac{1}{5}=\frac{19}{95}$, $\frac{4}{8}=\frac{49}{98}$

문제 2. $\frac{5}{6}=\frac{545}{654}$, $\frac{4}{7}=\frac{424}{742}$, $\frac{4}{7}=\frac{484}{847}$

문제 1

$\frac{a}{b}=\frac{10a+x}{10x+b}$ (a, b, x는 1자리의 수이고 $a\neq b$)라고 하면

$$9ab=(10a-b)x=(9a+a-b)x$$

$a\neq b$이므로 $10a-b$는 9의 배수가 아니다. 따라서 x는 3의 배수이다. 따라서 $x=3k$라고 놓고 위의 식을 변형하면

$$(3a+k)(3b-10k)=-10k^2$$

$k=1$, 2, 3에 대하여 $3a+k$가 $10k^2$의 양의 약수가 되게 a값을 구하면

$k=2(x=6)$일 때 $a=1$, $b=4$ 및 $a=2$, $b=5$
$k=3(x=9)$일 때 $a=1$, $b=5$ 및 $a=4$, $b=8$

을 얻을 수 있다.

문제 2

$\frac{a}{b}=\frac{100a+x}{10x+b}$ (a, b는 다른 1자리의 수이고 x는 2자리의 수)

로 앞과 같이 둔다.

$$99ab=(10a-b)x$$

x는 3의 배수로 $10a-b$는 11의 배수이므로

$a+b=11$, $x=3n$

을 풀면 다음 3개의 해를 얻는다.

$a=4$, $b=7$, $x=84$
$a=6$, $b=5$, $x=54$
$a=7$, $b=4$, $x=42$

또한 분자, 분모를 서로 바꾼 분수도 해가 된다.

(3) 역순의 수와의 차와 합

문제 1 같은 숫자가 없는 2자리의 수를 생각한다. 그 수를 역순으로 한 수와 원래의 수와의 차(큰 쪽에서 작은 쪽을 뺀 나머지) d를 구한다. 그 수를 2자리의 수로 보아 (1자리면 10의 자리에 0을 붙여서) 다시 역순의 수를 만들어 d와의 합을 구하면 답은 얼마가 될까?

문제 2 역순의 수와의 차가 0이 되지 않는 3자리의 수를 생각해 보자. 그 수와 그 역순의 수와의 차 d를 구하라. d를 3자릿수라고 생각하여 그 역순의 수를 구하고 그것과 d와의 합을 구하면 얼마가 될까?

문제 3 역순의 수와의 차가 0이 되지 않는 4자릿수에 대해서도 생각해 보아라.

[해답] 문제 1. 99

문제 2. 1089

문제 3. 990, 9999, 10989, 10890 중 어떤 것이 된다.

문제 1

$10a+b$와 그 역순의 수 $10b+a$와의 차는 $9(a-b)$가 되는데 9의 배수는 09, 18, 27, 36,……과 같이 10의 자리 x와 1의 자리 y의 합은 언제나 9가 된다. 따라서 이 수 $10x+y$와 그 역순 $10y+x$의 합은 언제나 99가 된다.

문제 2

$100a+10b+c$와 그 역순 $100c+10b+a$와의 차는 $99(a-c)$이다. 99의 배수는 099, 198, 297,……과 같이 10의 자리는 언제나 9이고 100자리 x와 1의 자리 y와의 합은 언제나 9가 된다. 따라서 이 수 $100x+90+y$와 그 역순 $100y+90+x$와의 합은 언제나 1089가 된다.

문제 3

$1000a+100b+10c+d$로 그 역순의 수와의 차는 $999(a+d)+90(b-c)$가 된다. 999의 배수는 $1000x+990+y$로 $x+y=9$이며 90의 배수는 $100u+10v$로 $u+v=9$이다.

이것을 사용하면 다음 결과가 얻어진다.

(1) $a>d$, $b>c$일 때 10890

(2) $a>d$, $b=c$일 때 10989

(3) $a>d$, $b<c$일 때 9999

(4) $a=d$일 때 990

제1장 수의 퍼즐

(4) 곱하여 역순이 되는 수

앞 문제에서 나온 1089는 불가사의한 수이다. 먼저

$$1089 = 33^2$$

이며 이 수를 9배하면

$$1089 \times 9 = 9801 (= 99^2)$$

가 되어 역순이 된다.

문제 1 4자리의 자연수를 몇 배(2배에서 9배까지)했을 때, 역순이 되는 자연수는 1089 이외에 어떤 수가 있을까?

문제 2 자리수에 상관없이 몇 배(2배에서 9배까지)했을 때 역순이 되는 수를 구하라.

[해답] 문제 1. 2178×4=8712

문제 2. 109⋯989×9=989⋯901 외

219⋯978×4=879⋯912 외

문제 2

10진법 표시의 수 $[abc\cdots xyz]$를 n배하여 역순이 되었다고 하자.

$[abc\cdots xyz]\times n=[zyx\cdots cba]$ $9\geq n\geq 2$이므로 $a\leq 4$이어야 한다. 또

$$na\leq z<n(a+1)\cdots\cdots(*)$$

가 성립한다.

(1) $a=1$일 때

$$nz=10k+1$$

이므로 nz는 3×7이거나 9×9인데 ($*$)에서 3×7은 일어나지 않는다.

$[1bc\cdots xy9]\times 9=[9yz\cdots cb1]$

여기서 $b=0$이거나 $b=1$인데, $b=0$일 때 $y=8$이다(그러나 $b=1$일 때, $y=7$이라고 생각해도 불합리). 결국

$109\cdots 989\times 9=989\cdots 901$

그 밖에

10890⋯01089
1099890⋯0109989
10<u>9⋯98</u>90⋯01<u>09⋯9</u>89
10<u>9⋯98</u>90⋯01<u>09⋯98</u>90⋯01<u>09⋯9</u>89

(밑줄 친 곳은 숫자의 개수가 같다) 등의 해가 얻어진다.

(2) $a=2$일 때

$$nz = 10k+2$$

이므로 $nz=2\times 6$이거나 4×8인데 (∗)에서 2×6은 일어나지 않는다.

$n=4$, $z=8$일 때

$$219\cdots 978 \times 4 = 879\cdots 912$$

그 밖에

2199780⋯0219978
21<u>9⋯97</u>80⋯02<u>19⋯9</u>78
21<u>9⋯97</u>80⋯<u>9780</u>⋯02<u>19⋯9</u>78

등의 해가 있다.

(3) $a=3, 4$일 때는 해가 없다.

수학 퍼즐 랜드

 수의 피라미드(1)

$$1 \times 64 = 16 \times 4$$
$$1 \times 664 = 166 \times 4$$
$$1 \times 6664 = 1666 \times 4$$
$$1 \times 66664 = 16666 \times 4$$
$$1 \times 666664 = 166666 \times 4$$

$$1 \times 95 = 19 \times 5$$
$$1 \times 995 = 199 \times 5$$
$$1 \times 9995 = 1999 \times 5$$
$$1 \times 99995 = 19999 \times 5$$
$$1 \times 999995 = 199999 \times 5$$

$$2 \times 65 = 26 \times 5$$
$$2 \times 665 = 266 \times 5$$
$$2 \times 6665 = 2666 \times 5$$
$$2 \times 66665 = 26666 \times 5$$
$$2 \times 666665 = 266666 \times 5$$

$$4 \times 98 = 49 \times 8$$
$$4 \times 998 = 499 \times 8$$
$$4 \times 9998 = 4999 \times 8$$
$$4 \times 99998 = 49999 \times 8$$
$$4 \times 999998 = 499999 \times 8$$

제1장 「불가사의한 분수」 p.22, p.23 참조

(5) 크로스 넘버 퍼즐

크로스 넘버 퍼즐이라는 것이 있다. 세로 열쇠, 가로 열쇠가 주어지고 그 열쇠에 따라서 문자를 넣는 퍼즐이다.

그에 대응하여 숫자를 넣는 크로스 넘버 퍼즐을 생각해 보자. 세로 또는 가로로 배열된 n개의 숫자는 10진법의 n자리의 수라고 생각한다($n \geq 2$).

문제 오른쪽 그림과 같은 흰 칸 속에 세로 및 가로의 모든 수가 어느 것이나 다른 양의 거듭제곱수가 되도록 숫자를 넣어 보자.

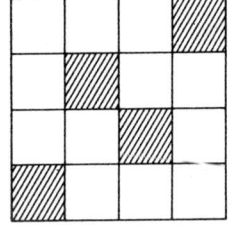

여기서 거듭제곱수란 자연수의 제곱, 3제곱, 4제곱, 5제곱… 등으로 나타낼 수 있는 수이다.

(이 문제는 어떤 잡지에서 크로스 넘퍼 퍼즐 문제 만들기를 모집하였을 때 독자의 응모 작품이다)

수학 퍼즐 랜드

[해답] 오른쪽 그림 및 세로와 가로를 바꾸어 놓은 것이 답이다.

2자리와 3자리의 거듭제곱수를 모두 적으면 다음 36개가 된다.

16, 25, 27, 32, 36, 49, 64, 81, 100, 121, 125, 128, 144, 169, 196, 216, 225, 243, 256, 289, 324, 343, 361, 400, 441, 484, 512, 529, 576, 625, 676, 729, 784, 841, 900, 961

이들 수 중에서, 3자리, 2자리, 2자리, 3자리의 수를 말이어가기 놀이식으로 잡아가야 하기 때문에 가능한 것은 다음 네 가지 형이다.

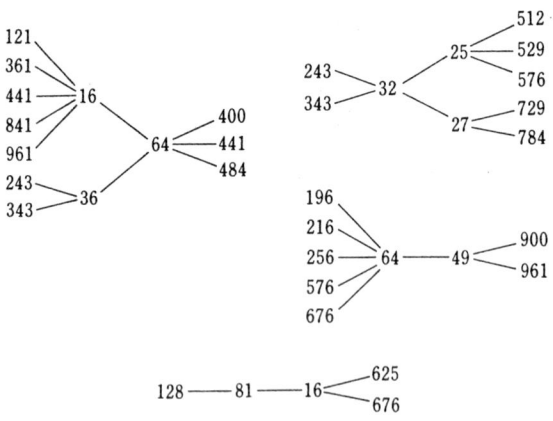

또한 이 중 처음 숫자와 끝의 숫자가 일치하는 2짝을 찾아내야 한다. 결국 3에서 시작하여 4로 끝나는 위의 해만 얻는다.

제 2 장
동전으로 퍼즐을 푼다
동전의 배치

동전의 배치

일본에서 발행되고 있는 동전(coin)은 1엔(円), 5엔, 10엔, 100엔, 500엔의 6종류이다. 정령(政令)에 의하면 각 동전의 지름은 다음과 같이 정해져 있다.

1엔은 지름 20mm
5엔은 지름 22mm
10엔은 지름 23.5mm
50엔은 지름 21mm
100엔은 지름 22.6mm
500엔은 지름 26.5mm

 같은 동전만 6개를 다른 동전 주위에 배치할 때, 중심 동전의 크기가 6개의 동전보다 작으면 잘 배치할 수 없다. 중심 동전도 같은 크기이면 꼭 맞게 6개를 배치할 수 있다. 중심 동전이 6개의 동전보다 크면 여유 있게 배치할 수 있다. 예를 들면, 10엔 동전 주위에 6개의 100엔 동전을 충분히 배치할 수 있다.

 그러면 이들 6종류의 동전을 각각 1개씩, 즉 다른 6개의 동전을 어떤 1개의 동전 주위에 배치하는 것을 생각해 보자. 1엔이나 5엔, 50엔 등의 작은 동전 주위에 6종의 동전 6개를 접촉하여 배치할 수 없다. 거꾸로 500엔 동전과 같이 큰 동전 주위에 6개의 동전을 배치하는 일이라면 충분히 여유 있게 할 수 있고, 10엔 동전 주위에 6종류의 동전 6개를 배치하는 것도 실제로 확인해 보면 문제없이 할 수 있다. 문제는 100엔 동전의 경우이다.

> **문제 1** 6종류의 다른 동전 6개를 100엔 동전 주위에 잘 배치할 수 있을까?
> 동전 배열 순서에 따라서 미묘한 차이가 있다고 생각되므로 모든 배열순에 대하여 가능한가를 검토해 보아라.

실제로 확인해 보면 미묘하기는 하지만 잘 배치될 것 같다. 6종 동전의 배열 순서를 바꿔 보면 여유 있게 될 때와 웬지 빡빡하게 보일 때가 있는 것 같다. 배열 방법은 원순열이므로 (6－1)!＝120가지가 있는데 우회전과 좌회전이 같으므로 이것을 2로 나눈 60가지를 검토해 보면 된다.

실제로 동전을 배열하여 60가지 모두를 조사하는 것은 큰 일이다. 그리고 미묘한 경우, 정말로 잘 되어 있는지 어떤지를 실제로 확인해도 정확하다고 할 수 없다. 그래서 계산에 의해서 확인해 보기로 한다.

반지름 $r$mm의 원 주위에 6종의 동전을 배치하는 것을 생각한다. 1엔, 5엔, 10엔, 50엔, 100엔, 500엔 동전의 반지름을 각각 r_1, r_2, r_3, r_4, r_5, $r_6$mm라고 한다. 그러면 정령에 의하여

$r_1 = 10.00$, $r_2 = 11.00$, $r_3 = 11.75$
$r_4 = 10.50$, $r_5 = 11.30$, $r_6 = 13.25$

라고 결정되어 있다.

반지름 r(mm)의 원 O 주위에 반지름 r_i(mm)의 원 O_i와 반

지름 $r_i(\text{mm})$의 원 O_i를 서로 접속시켜 놓는다. 그러면
$OO_i = r + r_i$
$OO_j = r + r_j$
$O_iO_j = r_i + r_j$

이다. 또

$\angle O_iOO_j = \theta_{ij}$

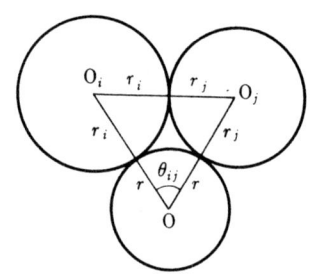

라 놓고 코사인 정리를 사용하면

$(r_i+r_j)^2 = (r+r_i)^2 + (r+r_j)^2 - 2(r+r_i)(r+r_j)\cos\theta_{ij}$

라는 식이 성립한다. 따라서

$\cos\theta_{ij} = \dfrac{(r+r_i)^2 + (r+r_j)^2 - (r_i+r_j)^2}{2(r+r_i)(r+r_j)}$

$= 1 - \dfrac{2r_ir_j}{(r+r_i)(r+r_j)}$

가 된다.

지름은 $r=r_5=11.3$일 때를 생각하면 되는데, 각 i, j에 대하여 $\theta_{ij}(=\theta_{ji})$의 값을 구해 본다.

    1엔과   5엔 $\theta_{12} = 57.53174$
    1엔과   10엔 $\theta_{13} = 58.57710$
    1엔과   50엔 $\theta_{14} = 56.78754$
    1엔과 100엔 $\theta_{15} = 57.95965$
    1엔과 500엔 $\theta_{16} = 60.44720$
    5엔과   10엔 $\theta_{23} = 60.19192$

5엔과 50엔 $\theta_{24}=58.34332$

5엔과 100엔 $\theta_{25}=59.55397$

5엔과 500엔 $\theta_{26}=62.12489$

10엔과 50엔 $\theta_{34}=59.40639$

10엔과 100엔 $\theta_{35}=60.64373$

10엔과 500엔 $\theta_{36}=63.27246$

50엔과 100엔 $\theta_{45}=58.77845$

50엔과 500엔 $\theta_{46}=61.30864$

100엔과 500엔 $\theta_{56}=62.59449$

시계 바늘 주위로
1엔, 50엔, 5엔, 100엔, 10엔, 500엔
으로 배치하는 것을 142536으로 나타내기로 한다. 그러면 이 경우의 중심 0 주위의 각의 총합은

$\theta_{14}=56.78754$

$\theta_{42}=58.34332$

$\theta_{25}=59.55397$

$\theta_{53}=60.64373$

$\theta_{36}=63.27246$

$+\theta_{61}=60.44720$

359.04822

$\theta_{14}+\theta_{42}+\theta_{25}+\theta_{53}+\theta_{36}+\theta_{61}=359.04822$

가 되므로 이 순서면 문제없이 잘 배치된다. 이 배열은 작은 동전순으로 배열한 것이다.

그러면 이번에는 큰 동전과 작은 동전을 교대로 배열해 보자. 예를 들면 164523, 즉
1엔, 500엔, 50엔, 100엔, 5엔, 10엔
으로 해보자. 그러면

$$\theta_{16}+\theta_{64}+\theta_{45}+\theta_{52}+\theta_{23}+\theta_{31}=358.85728$$

이 되므로 작은 순으로 배열한 것보다 더 여유가 있다.

실은 60가지의 모든 배열에 대하여 각의 총합이 360°보다 큰지 작은지 조사하면 된다. 전자식 탁상 계산기로 조사하는 것도 큰 일이므로[다무라(田村直之) 씨의 도움에 의하여] 컴퓨터로 계산해 보았다. 각의 총합이 큰 순으로 적어 보았다.

순위	배 열	각의 총합
1	123654	359.15660
2	142365	359.14937
3	125634	359.14659
4	126354	359.13881
5	142635	359.13158
6	136524	359.12888
⋮	⋮	⋮
55	153246	358.89445
56	125346	358.89167
57	134526	358.88800
58	135246	358.87396
59	152346	358.86776
60	132546	358.85728

이 결과로부터

1엔, 5엔, 10엔, 500엔, 100엔, 50엔
의 순으로 배열하였을 때, 각의 총합이 가장 크다는 것을 알
수 있는데, 그래도 360°보다 작기 때문에 100엔 동전 주위에
6종류의 동전 6개를 어떻게 배치해도 중심 동전에 접촉할 수
있게 잘 배치되는 것을 알게 된다.

> **문제 2** 100엔보다 작은 (물론 5엔보다 큰) 반지름 $r=11.25mm$의 원에 6종의 동전 6개를 외접해 보자.
> 어떤 순서로 배열했을 때, 6개의 동전을 그 원에 접촉시킬 수 있는가, 없는가를 조사하자.

$r=11.25$로서 θ_{ij}를 계산하다.

$\theta_{12} = 57.67648$

$\theta_{13} = 58.72263$

$\theta_{14} = 56.93166$

$\theta_{15} = 58.10472$

$\theta_{16} = 60.59391$

$\theta_{23} = 60.33879$

$\theta_{24} = 58.48877$

$\theta_{25} = 59.70039$

$\theta_{26} = 62.27293$

$\theta_{34} = 59.55263$

$\theta_{35} = 60.79094$

$\theta_{36} = 63.42129$

$\theta_{45} = 58.92424$

$\theta_{46} = 61.45606$

$\theta_{56} = 62.74287$

이들 값에 의거하여 60가지 배열에 대하여 각의 합을 큰 순으로 배열해 보면 다음과 같이 된다. 여기서 순위 6번까지의 각의 총합이 360°를 넘고 있다.

이상의 계산 결과를 보면 60가지 배열 중, 6가지만 잘 배열이 되지 않는다. 즉

1엔, 5엔, 10엔, 500엔, 100엔, 50엔

1엔, 50엔, 5엔, 10엔, 500엔, 100엔

순위	배 열	각의 총합
1	123654	360.03534
2	142365	360.02811
3	125634	360.02533
4	126354	360.01755
5	142635	360.01032
6	136524	360.00761
7	124356	359.98677
8	143625	359.98363
9	125364	359.97683
10	124563	359.97629
⋮	⋮	⋮
56	125346	359.77041
57	134526	359.76674
58	135246	359.75270
59	152346	359.74650
60	132546	359.73602

1엔, 5엔, 100엔, 500엔, 10엔, 50엔
1엔, 5엔, 500엔, 10엔, 100엔, 50엔
1엔, 50엔, 5엔, 500엔, 10엔, 100엔
1엔, 10엔, 500엔, 100엔, 5엔, 50엔

의 순으로 배열하였을 때, 지름 22.5mm의 원에 잘 접촉되게 배치되지 않는다.

또 이들 6종류의 동전을 직선에 접하도록 배열하는 문제를 생각해 보자.

> **문제 3** 6종류의 동전 6개를 1개의 직선에 접촉하도록, 그리고 이웃한 동전도 서로 접촉하도록 놓았을 때에 양끝의 동전 거리가 가장 짧은 배열과 가장 긴 배열을 구하라.

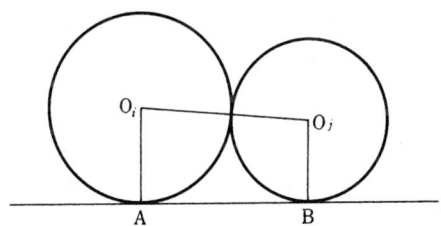

반지름 r_i(mm)의 원 O_i와 반지름 r_j(mm)의 원 O_j가 서로 접하면서 직선에 각각 A와 B로 접하고 있다고 하자. 그러면

$$O_iO_j = r_i + r_j$$

이므로

$$AB^2 = (r_i + r_j)^2 - (r_i - r_j)^2 = 4r_ir_j$$

수학 퍼즐 랜드

$$AB = 2\sqrt{r_i r_j}$$

가 된다.

예를 들면, 6종류의 동전 6개를 왼쪽에서 142536의 순서로 배열하면 양끝의 동전에서의 접선 중, 직선과 수직인 접선 거리 (양끝의 동전 거리)는

$$r_1 + 2(\sqrt{r_1 r_4} + \sqrt{r_4 r_2} + \sqrt{r_2 r_5} + \sqrt{r_5 r_3} + \sqrt{r_3 r_6} + r_6)$$

으로 계산된다. 이 값을 계산하면

135.53664(mm)

가 된다. 사실 이렇게 동전을 작은 순서로 배열한 것이 양단 거리가 가장 길게 된다.

동전 배열법은 전부 6!=720가지 있는데, 역순도 마찬가지로 계산할 수 있으므로 이 절반인 360가지에 대하여 조사하면 된다. 가장 긴 것부터 순서대로 보이겠다.

순위	배 열	양끝의 거리(mm)
1	142536	135.53664
2	145236	135.51979
3	412536	135.51863
4	124536	135.50624
5	514536	135.50596
⋮	⋮	⋮
356	246135	135.13126
357	461325	135.12708
358	234615	135.12477
359	254613	135.12476
360	231645	135.11441

(1) H(수소)와 O(산소)의 상호 변환

탁자 위에 10원짜리 동전 8개로 H의 글씨가 정확하게 쓰여 있다. '정확하게'라는 것은 3, 4, 5, 6, 4개의 동전은 일직선으로 배열되어 있고, 1, 3, 7과 2, 6, 8의 세로선은 모두 가로선과 직각이 되도록 바르게 놓였다는 의미이다.

동전을 탁자 위에 미끄러지게 움직이는 것만으로 O자로 바꿔 보자.

거꾸로 O자에서 출발하여 H자로 변환하는 것도 생각하기로 하자.

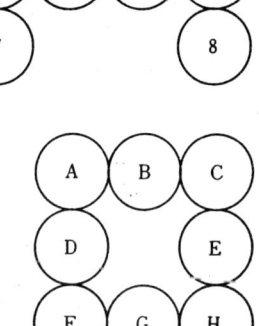

수학 퍼즐 랜드

[해답]

다음과 같이 움직이면 5수로 H에서 O로 변환할 수 있다.

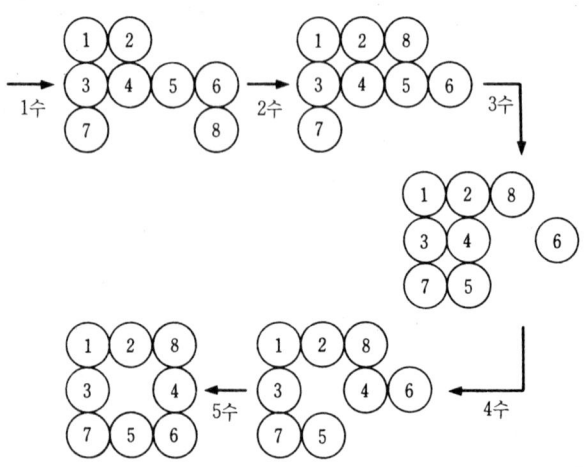

그런데 2수째 이후를 다음과 같이 하면 4수라도 가능하다. 이 방법의 4수째가 의문이라고 생각하는 사람도 있을지 모르겠으나, 7과 4 양쪽 동전에 접하도록 8을 놓으면 된다(이러한 위치는 단지 하나로 확정할 수 있다).

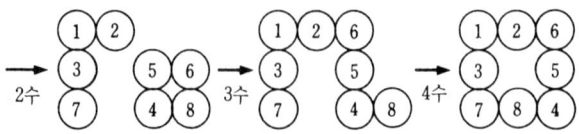

거꾸로 O에서 H로는 다음 7수로 변환할 수 있다.

제2장 동전으로 퍼즐을 푼다

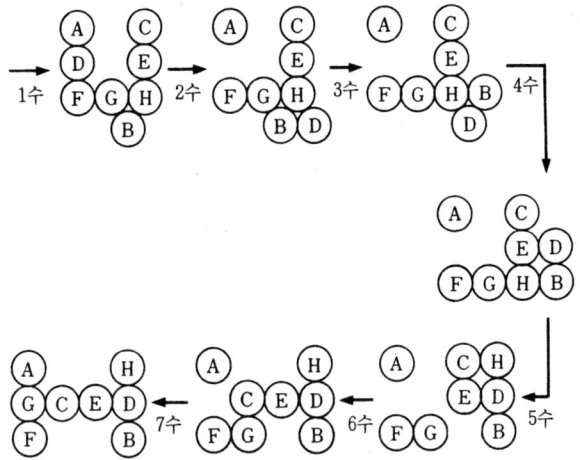

수의 피라미드 (2)

$6 \times 545 = 654 \times 5$

$6 \times 54545 = 65454 \times 5$

$6 \times 5454545 = 6545454 \times 5$

$6 \times 545454545 = 654545454 \times 5$

$6 \times 54545454545 = 65454545454 \times 5$

$7 \times 424 = 742 \times 4$

$7 \times 42424 = 74242 \times 4$

$7 \times 4242424 = 7424242 \times 4$

$7 \times 424242424 = 742424242 \times 4$

$7 \times 42424242424 = 74242424242 \times 4$

$4 \times 847 = 484 \times 7$

$4 \times 84847 = 48484 \times 7$

$4 \times 8484847 = 4848484 \times 7$

$4 \times 848484847 = 484848484 \times 7$

$4 \times 8484848484847 = 48484848484 \times 7$

제1장「불가사의한 분수」p.22, p.23 참조

(2) 동전의 요술

문제 1 탁자 위에 10원짜리 동전 3개를 오른쪽 그림과 같이 붙여서 배치한다.

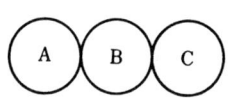

동전 A는 움직여도 좋지만 만지면 안된다. 동전 B는 만져도 되지만 움직이면 안된다. 마지막 동전 C는 만져도 되고 움직여도 된다.

이 규칙을 지키면서 위 3개의 동전을 각각 분리시켜라(물론 탁자를 기울이거나 붙여서 동전을 움직이면 안된다).

문제 2 10원 동전 몇 개를 겹쳐 놓는다. 위의 동전은 만지지 않고(다른 것도) 제일 밑의 동전만 빼내어라. 이때 여분으로 2개의 10원 동전은 자유롭게 사용해도 된다.

[해답] 문제 1. B를 손가락으로 누르고 동전 C를 B에 딱 부딪친다.

문제 2. 문제 1처럼 하면 제일 아래 동전만 튀어나간다.

문제 1

오른쪽 그림과 같이 B를 손가락으로 누르고 동전 C를 B에 딱 부딪치면 진동이 A에 전달되어 A는 왼쪽으로 날아갈 듯 움직인다.

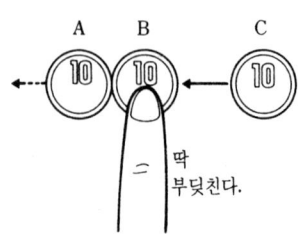

문제 2

겹쳐놓은 동전의 한 무리를 A라고 한다. 동전 B를 A의 제일 밑의 동전에 접촉하도록 놓고 또 1개의 동전 C를 B에 딱 부딪친다. 그러면 A군에서 1개의 동전이 튀어나간다.

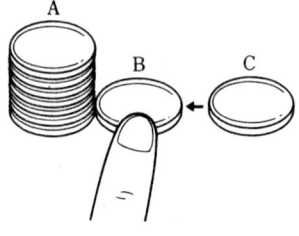

어떤 동전이 튀어나갔는지 모르지만 제일 밑의 동전만 뒤집어 놓으면 튀어나간 것이 제일 아래의 동전이라는 것을 확인할 수 있다.

(3) 동전의 회전

문제 1 10원짜리 동전이 2개 있다. 1개의 동전 A를 탁자 위에 고정하고 다른 1개의 동전 B를 A에 붙여서 미끄러지지 않게 회전시키면서 A 주위를 일주시킨다. 이때 동전 B는 몇 번 회전할까?

문제 2 A와 B의 10원 동전 2개를 붙인 채로 고정시켜 놓는다. 이 2개의 동전 주위를 또 1개의 10원 동전 C로 미끄러지지 않게 일주시키면 원래 방향으로 되돌아갈까?

문제 3 3개의 10원 동전을 삼각형 모양으로 붙여서 고정시켜 놓는다. 이 3개의 동전 주위를 다른 10원 동전으로 일주시키면 원래 방향으로 되돌아갈까?

[해답] 문제 1. 2회전
문제 2. 되돌아가지 않는다.
문제 3. 원래대로 되돌아간다.

이들의 대답을 하기 위하여 일반적으로
'동전 A 주위를 동전 B가 a만큼 회전했을 때, B자체는 $2a$만큼 회전한다'

동전 A의 중심을 O라 하고 중심 P의 동전 B가 a만큼 회전하여 중심이 Q위치에 왔다고 하자. 처음에 동전 B의 톱 위치가 T이고, a회전한 다음에 그 점이 T′에 왔다고 하면 PT방향과 QT′방향이 이루는 각이 $2a$가 되는 것을 알아보면 된다.

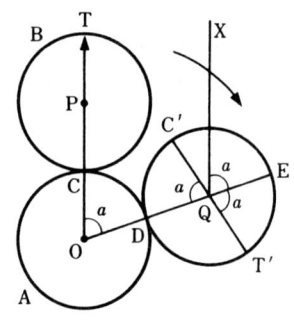

처음 두 원의 접점을 C, 회전 후의 접점을 D라고 한다. 또 동전 B위의 점 C가 회전한 뒤 C′에 왔다고 하면 ∠C′QD=∠COD=a이고 DQ를 연장하여 이 원 Q와의 접점을 E라고 하면 ∠T′QE=∠C′QP=a

또 Q를 지나 PT에 평행한 직선을 QX라고 하면 ∠XQE=∠POQ=a

이상에서 ∠XQT′=$2a$

문제 1

동전 B를 동전 A 주위로 360° 회전시키는 것이므로 B자체는 720°, 즉 2회전한다.

제2장 동전으로 퍼즐을 푼다

문제 2

그림에 보인 것같이 동전 C는 동전 A 주위를 240° 돌아서 아래 위치에 온다. 이어 동전 B 주위를 240° 돌아서 원래 위치에 온다. 따라서 동전 C 자체는 960° 회전하고 있다. 이것은 360°의 배수가 아니므로 원래 위치에 되돌아가지 않는다.

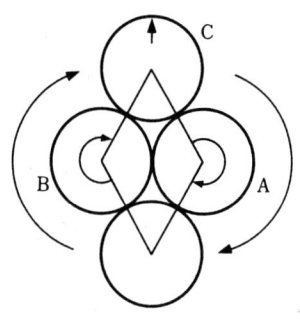

문제 3

동전 A와 B에 접하고 있는 동전 D는 B 주위를 180° 회전하여 동전 B와 C에 접하는 위치에 온다. 이때, 동전 D는 1회전한다. 결국, 동전 D는 3회전하여 원래 위치에 되돌아온다.

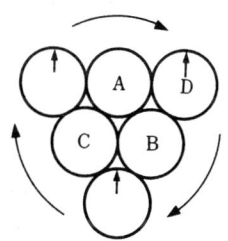

수의 피라미드 (3)

$$101 = 101 \times 1$$
$$11011 = 1001 \times 11$$
$$1110111 = 10001 \times 111$$
$$111101111 = 100001 \times 1111$$
$$11111011111 = 1000001 \times 11111$$

$$121 = 11 \times 11$$
$$11211 = 101 \times 111$$
$$1112111 = 1001 \times 1111$$
$$111121111 = 10001 \times 11111$$
$$11111211111 = 100001 \times 111111$$

$$323 = 17 \times 19$$
$$33233 = 167 \times 199$$
$$3332333 = 1667 \times 1999$$
$$333323333 = 16667 \times 19999$$
$$33333233333 = 166667 \times 199999$$

$$343 = 7 \times 49$$
$$33433 = 67 \times 499$$
$$3334333 = 667 \times 4999$$
$$333343333 = 6667 \times 49999$$
$$33333433333 = 66667 \times 499999$$

(4) 동전의 무게

현재 사용되고 있는 동전의 무게도 다음과 같이 정령으로 정해져 있다.

1엔은 1.0g, 5엔은 3.75g,
10엔은 4.5g, 50엔은 4.0g,
100엔은 4.8g, 500엔은 7.2g

문제 1 천칭의 좌우 접시에 동전을 놓고 0.05g을 재라.

문제 2 같은 천칭의 양 접시에 5개의 동전을 놓고 0.1g을 재라.

[해답] 문제 1. 왼쪽 접시에 1엔과 5엔, 오른쪽 접시에 100엔
문제 2. 왼쪽 접시에 10엔과 100엔, 오른쪽 접시에 500엔과 1엔 2개(왼쪽 접시에 100엔 2개, 오른쪽 접시에 1엔, 10엔, 50엔)

문제 1

왼쪽 접시에 1엔과 5엔을 얹으면 왼쪽 접시는 4.75g이다. 오른쪽 접시에 100엔 동전을 얹으면 4.8g이므로 좌우의 차가 0.05g이다. 따라서 0.05g짜리를 잴 수 있다.

문제 2

소수 첫째 자리	0	1	2	3	4	5	6	7	8	9
최소 무게	1.0	14.1	7.2	9.3	14.4	4.5	9.6	11.7	4.8	18.9
사용 동전	1엔	10엔 100엔 100엔	500엔	10엔 100엔	500엔 500엔	10엔	100엔 100엔	10엔 500엔	100엔	10엔 500엔 500엔

소수 첫째 자리의 값이 1이 다른 것을 좌우 접시에 얹고 부족한 정수값을 1엔이나 50엔 동전으로 조정하여 0.1의 차를 만들면 된다.

예를 들면, 왼쪽 접시에 10엔과 100엔을 얹어 9.3g, 오른쪽 접시에 500엔과 1엔 2개를 얹어서 9.2g으로 하면 된다.

또 왼쪽 접시에 100엔 2개로 9.6g, 오른쪽 접시에 10엔과 50엔, 1엔을 얹어 9.5g으로 해도 된다.

(5) 몇 개 들어가는가?

1엔 동전의 반지름은 꼭 1cm이다. 반지름 2cm의 원에 2개의 1엔 동전이 들어간다. 또 반지름 3cm의 원에는 7개의 1엔 동전을 넣을 수 있다.

그러면 반지름 4cm의 원에는 몇 개의 1엔 동전을 넣을 수 있는가?

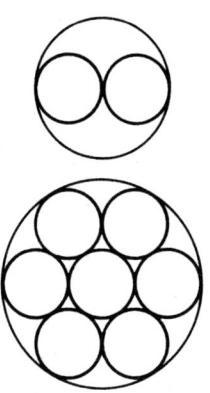

[해답] 11개 들어간다.

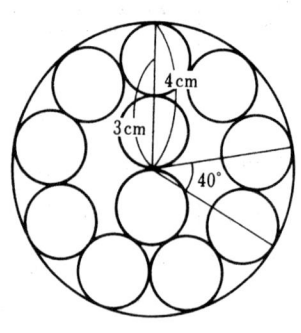

오른쪽 그림과 같이 먼저 9개 동전의 중심이 반지름 3cm의 둘레 위에 오도록 배치한다. 중심각이 40°이므로 이웃하는 2개 동전의 중심 사이의 거리는

$6\sin 20° = 2.052\cdots(\text{cm})$

이므로 9개의 동전은 여유를 가지고 배치된다.

이어 그 중 1개의 동전에 접하고 대원의 지름 위에 오도록 2개의 동전을 배치하면 된다.

그러면 12개를 넣을 수 있을까? 만일, 12개가 들어간다고 하면, 12개의 동전의 중심은 반지름 3cm의 원 내부(또는 둘레 위)에 있다. 반지름 3cm의 원 중심각이 36°의 10개 부채꼴로 나누고 중심부만을 반지름 1.5cm의 원으로 나눈다. 즉, 반지름 3cm의 원을 10개의 부채꼴과 반지름 1.5cm의 작은 원의 11개 구획으로 나눈다.

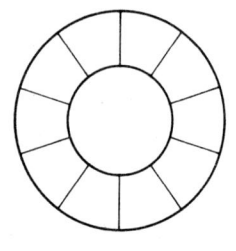

1개의 부채꼴 부분의 두 점의 거리는 그보다 작으므로, 이 부분에 2개의 중심이 들어가는 일은 없다. 따라서 2개의 중심이 반지름 1.5cm의 작은 원의 내부에 올 때인데, 이 경우도 나머지 부분에 10개의 동전을 넣을 수는 없다(엄밀한 증명이 아니고 시행착오에 의한 것이다).

제 3 장
계량의 퍼즐
눈금이 없어진 자

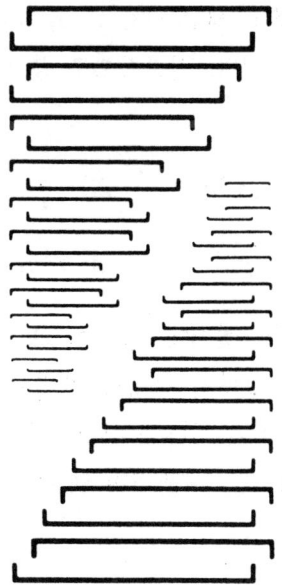

눈금이 없어진 자

자의 문제를 생각하기 전에 저울 문제를 다루어 본다.

> **문제 1** 천칭의 한쪽 접시에만 ag, bg, cg, dg 4개의 분동 중 몇 개를 얹고 물건의 무게를 재기로 한다. 1g에서 1g 마다 차례로 $a+b+c+dg$까지 전부 빠짐없이 재고 싶다. $a+b+c+d$를 가장 크게 하려면 a, b, c, d를 얼마로 하면 되는가?(단, $a \leq b \leq c \leq d$라고 한다)

이것은 예전부터 잘 알려진 문제이다. 각 분동을 접시에 얹는 방법이 $2^4=16$가지 경우가 생기는데 전부 얹지 않는 경우는 제외하므로 15가지 무게를 잴 수 있다. 이것은 2진법으로 자연수를 표시하는 것에 해당하며, $a=1$, $b=2$, $c=4$, $d=8$로 하면 되는 것을 알게 된다. 일반적으로 분동이 n개일 때에는 각 분동의 무게를

$1g$, $2g$, $4g$, ……, $2^{n-1}g$

으로 하면 1g에서 2^n-1g까지 전부 잴 수 있는 것을 알게 된다.

> **문제 2** 천칭의 양쪽 접시에 ag, bg, cg, dg의 분동 4개 중 몇 개를 얹어서 1g에서 1g마다 차례로 $a+b+c+dg$까지 전부 빠짐없이 잴 수 있도록 하고 싶다. $a+b+c+d$를 가장 크게 하려면 a, b, c, d를 얼마로 하면 되는가?
> (단, $a \leq b \leq c \leq d$)

실은 이것도 오래 전부터 유명한 문제이다(『수학 역사 퍼즐』 블루백스 48번 참조). 이 경우는 3진법이 관계한다. $a=1$, $b=3$, $c=9$, $d=27$이라고 하면 틀림없이 1g에서 40g까지 전부 잴 수 있다.

그럼 자의 퍼즐로 들어가기로 하자.

> **문제 3** 눈금이 완전히 없어진 4개의 자가 있다. 그들의 길이는 각각 $a$cm, $b$cm, $c$cm, $d$cm이다. 이들을 이어서 재는 것을 허용하면 1cm에서 1cm마다 $a+b+c+d$cm까지 모두 잴 수 있다고 한다. $a+b+c+d$를 가장 크게 하려면 a, b, c, d를 얼마로 하면 되는가?(단, $a \leq b \leq c \leq d$)

이것은 문제 1의 분동 문제를 사의 문제로 바꾼 것에 지나지 않는다. 답은

$a=1$, $b=2$, $c=4$, $d=8$

이다.

> **문제 4** 눈금이 완전히 없어진 4개의 자가 있다. 그 길이는 각각 $a$cm, $b$cm, $c$cm, $d$cm이다. 이번에는 자를 이어 붙이지 않고 자를 겹쳐서 눈금과 눈금의 어긋남(차)도 읽을 수 있다고 한다. 1cm에서 $a+b+c+d$cm까지 1cm마다 모두 잴 수 있다고 한다. $a+b+c+d$를 가장 크게 하려면 a, b, c, d를 얼마로 하면 되는가?(단, $a \leq b \leq c \leq d$)

이번에는 문제 2의 개작이다. 답은

$a=1$, $b=3$, $c=9$, $d=27$

이라고 하면 1cm에서 40cm까지 빠짐없이 잴 수 있다.

지금까지는 눈금이 완전히 없어진 자를 생각했는데, 다음에는 눈금이 조금은 남아 있는 자를 생각한다.

> **문제 5** 눈금이 한 곳만 있는 2개의 자가 있다. 1개는 눈금의 좌우가 $a$cm, $b$cm이고, 또 1개는 $c$cm, $d$cm이다. 이 2개를 이어서 (또는 반대 방향으로 이어) 재는 것을 허용하면 1cm에서 1cm마다 $a+b+c+d$cm까지 모두 잴 수 있다. $a+b+c+d$를 최대로 하려면 a, b, c, d를 얼마로 하면 되는가? (단 $a \leq b$, $a \leq c \leq d$)

이것은 눈금이 없는 4개의 자와 같다. 해는 다음 세 가지가 있다.

1) $a=1$, $b=2$, $c=4$, $d=8$
2) $a=1$, $b=4$, $c=2$, $d=8$
3) $a=1$, $b=8$, $c=2$, $d=4$

특히 두 번째 해에서 다음과 같은 문제를 만들 수 있다.

> **문제 6** 길이 5cm와 10cm, 2개의 자가 있다. 어느 자에도 눈금이 한 곳밖에 없는데 이것으로 1cm에서 15cm까지 1cm마다 모두 잴 수 있다고 한다. 어디에 눈금이 붙어 있는가?

자가 3개 이상 있으면 눈금의 길이의 합을 구하더라도 자를 이어 붙일 뿐만 아니고 2개의 자를 겹쳐서 눈금을 맞추는 일도 해야 한다.

그러나 이러한 조작을 허용한다면 눈금과 눈금의 어긋남 (차)을 읽는 것이 가능하므로 다음과 같은 문제 7이나 문제 8 을 만들 수 있다.

> **문제 7** 눈금이 한 곳에만 있는 2개의 자가 있다. 1개는 눈금의 좌우가 $a$cm, $b$cm이고, 또 1개는 $c$cm, $d$cm이다. 이 2개를 겹쳐 눈금 간격의 합이나 차를 구할 수 있다고 한 다. 이때, 1cm에서 1cm마다 최대 몇 cm까지 잴 수 있는 가? 이 때의 a, b, c, d를 구하라(단, $a \leq b$, $a \leq c \leq d$).

잴 수 있는 길이는 다음 24가지이다.

a, b, $a+b$, c, d, $c+d$
$|a \pm c|$, $|b \pm c|$, $|a+b \pm c|$
$|a \pm d|$, $|b \pm d|$, $|a+b \pm d|$
$|a \pm (c+d)|$, $|b \pm (c+d)|$, $|a+b \pm (c+d)|$

이들 값이 전부 다르고 $a=1$, $a+b+c+d=24$라면 1cm에서 24cm까지 모두 잴 수 있을 것이다.

실제로

$a=1$, $b=2$, $c=7$, $d=14$

로 하면 1cm에서 24cm까지 모두 잴 수 있다는 것이 확인된다.

> **문제 8** 눈금이 한 곳에만 있는 자가 3개 있다. 이것만으 로 1cm에서 1cm마다 차례로 잴 수 있다고 한다. 눈금 이 어떻게 붙어 있으면 가장 긴 길이까지 잴 수 있는가?

수학 퍼즐 랜드

해답만 보인다.

1개째가 1cm, 2cm

2개째가 7cm, 14cm

3개째가 49cm, 98cm

가 되어 있으면 1cm에서 171cm까지 모두 잴 수 있다.

일반적으로 n개의 자이면 길이를 7배씩 하고 각 자의 1:2 내분점까지 눈금을 매겨 놓기만 하면 1cm에서 $\frac{1}{2}(7^n-1)$cm까지 전부 잴 수 있다.

> **문제 9** 눈금이 2곳에만 있는 n개의 자가 있다. 이것만으로 1cm에서 차례로 1cm마다 잴 수 있다고 한다. 눈금이 어떻게 붙어 있으면 가장 긴 길이를 잴 수 있는가?

요점은 1개째의 자이다.

1개째가 1cm, 3cm, 2cm

가 되어 있으면 이것만으로 1cm에서 6cm까지 모두 잴 수 있다. 이때

2개째를 13cm, 39cm, 26cm

라고 하면 84cm까지 잴 수 있다.

3개째를 169cm, 507cm, 338cm

로 하면 1098cm까지 모두 잴 수 있다. 일반적으로 n개의 자라면 길이를 13배씩 하고 각 자가 1:3:2로 분할할 수 있는 곳에 눈금을 매기면 1cm에서 $\frac{1}{2}(13^n-1)$cm까지 잴 수 있다.

제3장 계량의 퍼즐

> **문제 10** 눈금이 p군데만 붙어 있는 n개의 자가 있다. 이것만으로 1cm에서 차례로 1cm마다 잴 수 있다고 한다. 눈금이 어떻게 붙어 있으면 가장 긴 길이까지 잴 수 있는가?

앞에서도 설명한 것처럼 1개째가 문제이다(『パズル數學入門』의 문제 65 참조).

아래 페이지의 표의 $7^{(n)}$등은 7을 n개 배열한 것을 나타낸다.

n이 12 이상에 대해서는 『퍼즐 수학 입문』에 있는 것보다 k값이 커졌다[이것은 효고(兵庫) 여자 단기 대학의 다나카(田中正彦) 씨에 의한 것이다].

2개째 이후의 자에 대해서는 자의 길이를 $2k+1$배하여 눈금은 1개째와 같은 비율인 곳에 붙어 있으면 된다. 그러면 1cm에서 $\frac{1}{2}\{(2k+1)^n-1\}$cm까지 잴 수 있다.

눈금수 p	전체 길이 k	해의 예
1	3	1, 2
2	6	1, 3, 2
3	9	1, 3, 3, 2
4	13	1, 1, 4, 4, 3
5	17	1, 1, 4, 4, 4, 3
6	23	1, 3, 6, 6, 2, 3, 2
7	29	1, 2, 3, 7, 7, 4, 4, 1
8	36	1, 2, 3, $7^{(3)}$, 4, 4, 1
9	43	1, 2, 3, $7^{(4)}$, 4, 4, 1
10	50	1, 2, 3, $7^{(5)}$, 4, 4, 1
11	58	1, 4, 3, 4, $9^{(4)}$, 5, 1, 2, 2
12	68	1, 1, 3, 5, 5, $11^{(3)}$, $6^{(3)}$, 1, 1
13	79	1, 1, 3, 5, 5, $11^{(4)}$, $6^{(3)}$, 1, 1

수학 퍼즐 랜드

(1) 노아의 방주

구약 성서「창세기」제6장에

'너는 잣나무로 너를 위하여 방주를 짓되 그 안에 방을 만들어 역청(피치)으로 그 안팎을 칠하라. 그 방주의 제도는 이러하니 길이가 300큐빗, 폭이 50큐빗, 높이가 30큐빗이며…'
라고 쓰여 있다.

1큐빗을 52cm라고 생각하여 이 배의 크기를 산출해 보자. 총톤수는 $2.83m^3$을 1t이라고 계산하면 이 방주는 몇 t의 배라고 할 수 있는가?

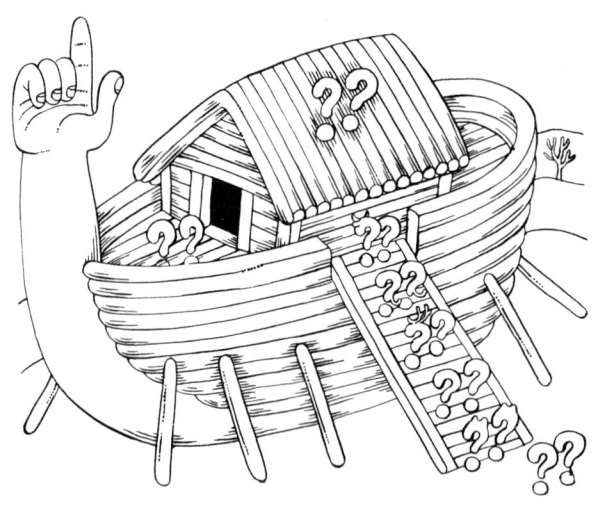

[해답]

방주이므로 직육면체라고 생각하여 계산하면

$$(300 \times 0.52) \times (50 \times 0.52) \times (30 \times 0.52) = 63273.6 (m^3)$$

가 된다. 따라서 총톤수는

$$63273.6 \div 2.83 = 22358.2 \cdots (t)$$

이므로 2만 5천t급의 큰 배가 된다.

큐빗은 고대 오리엔트에서 오랜 전부터 사용되어온 길이 단위이다. 큐빗(cubit)이란 '팔꿈치'란 뜻이며, 팔을 뻗었을 때, 팔꿈치에서 가운뎃손가락 끝까지의 길이를 나타낸다. 1큐빗이 얼마만한 길이를 나타내는지는 나라와 시대에 따라 다르고 46cm~56cm 사이에서 변동되고 있다.

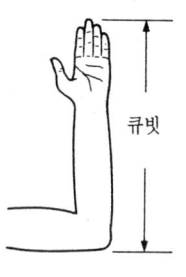

1큐빗을 가장 짧은 46cm로서 앞의 방주의 톤수를 계산해도 1만 5천t이 되어 역시 당시의 건조 기술로 보면 무척 큰 것 같다.

(2) 빗나간 천칭

접시 천칭의 양쪽 팔길이가 같지 않으면 무게를 올바르게 잴 수 없다. 그러나 여기에는 양팔의 길이가 다른 천칭밖에 없다. 그러나 분동은 제대로 갖추어져 있다고 하고 올바른 무게를 재기 바란다.

문제 1 쇠고기 덩어리를 왼쪽 접시에 얹고 재면 1152g이었다. 다음에 이 고기를 오른쪽 접시에 얹고 분동으로 재면 1250g이 되었다. 이 고기 덩어리의 올바른 무게는 얼마인가?

문제 2 이 천칭을 사용하여 2kg의 고기를 재보라.

[해답] 문제 1. 1200g
문제 2. 아래와 같이 한다.

문제 1

이 천칭의 왼쪽 팔길이를 $a$cm, 오른쪽 팔길이를 $b$cm라고 한다. 이 고기 덩어리의 무게를 xg이라고 하면

$ax = 1152b$ ················①
$1250a = bx$ ················②

이 ②의 양변을 바꾸어 ①식에 곱하면

$abx^2 = 1152 \times 1250ab$
$\therefore x = 1200$

문제 2

2kg의 분동을 왼쪽 접시에 얹고, 오른쪽 접시에 $m$kg의 분동만 얹고 거기에 고기를 얹어서 균형이 되게 고기의 양을 조절하면 2kg의 고기를 잴 수 있다.

(3) 남은 술

18dℓ병(1되병)에 6, 7부만큼 술이 남아 있다. 자로 길이를 재는 것만으로 몇 dℓ 남아 있는지 알아보려고 한다. 어떻게 하면 되는가?

제3장 계량의 퍼즐

[**해답**] 깊이를 잴 뿐만 아니고 병을 거꾸로 하여 비어 있는 부분의 높이도 잰다.

병의 윗부분은 오므라져 있으나 아래 부분은 원통형으로 되어 있다. 술은 6, 7부 정도 남아 있으므로 원동형 부분에만 술이 있다. 따라서 밑넓이 Scm²와 높이 $h$cm를 알면 남아 있는 술의 양 Shcm³를 계산할 수 있으나 h는 자로 잴 수 있을 망정 S는 구할 수 없다(병 두께는 모르기 때문에 안지름을 잴 수 없으므로 S는 구할 수 없다).

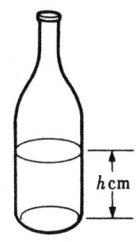

그럼 어떻게 하면 될까? 병을 거꾸로 세우고 비어 있는 부분의 높이 $k$cm를 구하면 남은 술의 양 Vcm³는 다음 식으로 계산할 수 있다.

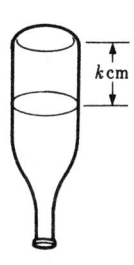

$$V = Sh = 1800 - Sk$$

$$\therefore S = \frac{1800}{h+k}$$

$$V = \frac{1800h}{h+k}$$

즉 $\frac{18h}{h+k}dl$이 된다.

수학 퍼즐 랜드

(4) 됫박으로 나눈다

세로 5cm, 가로 4cm, 높이 3cm의 됫박에 꼭 60cc의 술이 들어 있다. 이 됫박에 술 30cc를 남기고 다른 2개의 용기에 10cc, 20cc씩 담고 싶다.

계량할 수 있는 것은 처음의 됫박뿐이고 용기도 이 됫박과 2개의 용기 외에는 없다. 어떻게 하면 되는가?

다만 두 용기 모두 30cc 이상의 술을 담을 수 있는 용량이라고 한다.

제3장 계량의 퍼즐

[해답]

처음에 오른쪽 위의 그림과 같이 되를 기울여서 반만큼의 술을 A용기에 담는다. 그렇게 하면 됫박에는 30cc, 용기 A에도 30cc의 술이 담긴다.

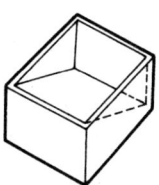

다음에 오른쪽 아래 그림과 같이 됫박의 바닥 대각선과 위 모서리를 포함하는 평면을 수평면으로 하도록 기울여서 술을 B용기에 담으면 됫박에는 10cc 남고 용기 B에는 20cc 담긴다.

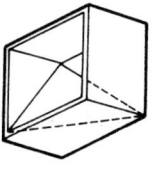

이어 용기 A의 30cc의 술을 됫박에 다시 붓고 다시 한번 처음과 같이 됫박을 기울여서 넘치는 술을 용기 A에 부으면 됫박에는 30cc가 남고 용기 A에는 10cc가 담긴다. 이것으로 목적은 달성되었다.

되	A	B
60	0	0
30	30	0
10	30	20
40	0	20
30	10	20

물론 이 이외에도 방법이 있다.

용기 A가 클 때에는 처음 됫박에 10cc 남기고 용기 A에 50cc 담는다. 됫박의 10cc를 용기 B에 옮기고 용기 A의 50cc를 됫박에 다시 붓는다. 다음에 됫박에 30cc가 남도록 용기 A에 20cc 부으면 된다.

(5) 6개의 다이아몬드

다이아몬드가 6개 있다. 얼핏 보기에 무게 차이를 알 수 없으므로 접시 천칭을 사용하여 6개 다이어몬드 무게의 순번을 정하려고 한다.

천칭은 2개의 다이아몬드 무게를 비교하는 데 사용하는 것으로 한다(분동은 사용하지 않는다).

문제 1 6개 다이아몬드 중, 가장 무거운 다이아몬드를 찾는 것만이 목적이면 천칭을 몇 번 사용해야 하는가?

문제 2 6개 다이아몬드의 무게 순위를 정확하게 결정하는 데는 천칭을 몇 번 사용해야 하는가?

제3장 계량의 퍼즐

[해답]   문제 1. 5회
　　　　문제 2. 10회

| 문제 1 |

무승부가 없는 도너먼트식의 시합 총수와 같이, 비교되는 것의 총개수가 n일 때는 $n-1$회의 비교에 의하여 가장 무거운 것이 결정된다(제8장 153페이지 문제 1 참조).

| 문제 2 |

다이아몬드가 5개일 때, 7회에 서열이 가능하다. 다음 그림에서 점선으로 이어진 2개가 비교된다. 상하에 이어진 것 중, 위의 것이 무겁다는 것을 나타낸다.

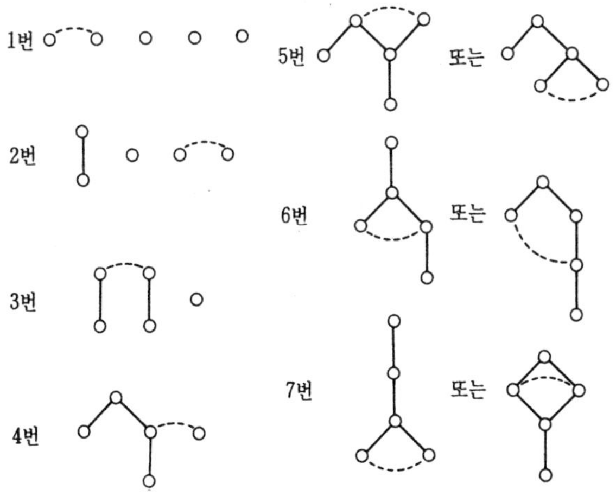

6개일 때를 생각한다.

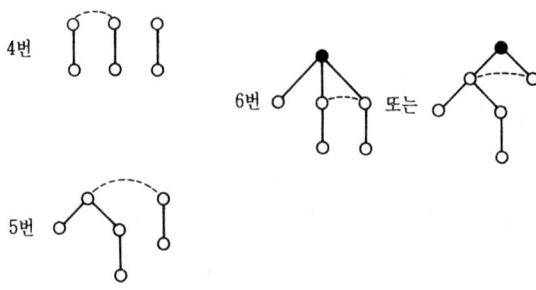

　5번의 비교에서 오른쪽 위 그림과 같은 2개의 경우가 생기는데, 가장 무거운 검은 원 ●을 제외하면 5개 경우의 3번째가 4번째 비교의 경우가 되며 각각 5번, 4번 더하면 서열이 결정된다. 그러므로 10번으로 서열이 결정 가능하다.

제 4 장
성냥개비의 퍼즐
삼각형의 분할

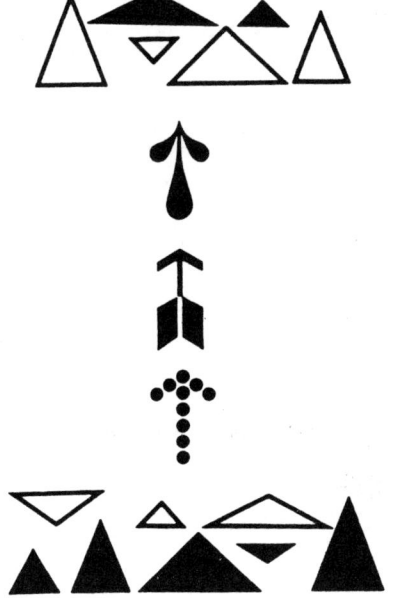

삼각형의 분할

12개의 성냥개비로 직각을 끼는 두 변이 3개, 4개, 빗변이 5개인 직각삼각형을 만든다. 성냥개비 1개의 길이를 1이라고 하면 이 직각삼각형의 넓이는 6이다. 이 직각삼각형의 내접원의 반지름을 r이라고 하고 각 꼭 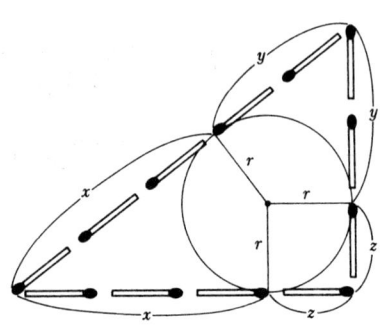 지점에서 접점까지의 거리를 그림과 같이 x, y, z라고 하면

$$z=r$$

인 것은 곧 알 수 있다.

$$x+y=5$$
$$y+z=3$$
$$z+x=4$$

라는 식이 성립되므로

$$x=3,\ y=2,\ z=r=1$$

이 된다.

> **문제 1** 성냥개비 2개, 3개, 4개를 써서 이 직각삼각형의 넓이를 2등분하라.

제4장 성냥개비의 퍼즐

 직각삼각형의 내심(내접원의 중심)에서 빗변과 길이 4의 변에 각각 성냥개비 1개의 수선을 내리면 성냥개비 2개로 직각삼각형의 넓이가 2등분 된다.

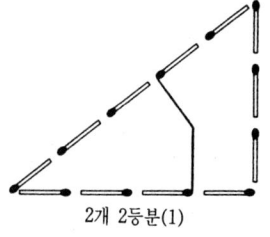

2개 2등분(1)

 또한 오른쪽 그림과 같이 성냥개비 2개의 선분으로 넓이가 2등분되는 u, v를 구하라.

$$\begin{cases} \dfrac{1}{2} \times uv \times \dfrac{3}{5} = 3 \\ 4 = u^2 + v^2 - 2uv \times \dfrac{4}{5} \end{cases}$$

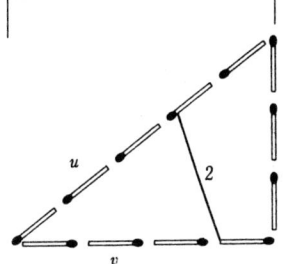

이 연립 방정식에서

$$u = v = \sqrt{10}$$

이다. $\sqrt{10}$은 두 변이 1과 3인 직각삼각형의 빗변 길이로 보면 되므로, 오른쪽 그림과 같이 성냥개비 2개로 2등분할 수 있다. 같은 생각으로 3개 2등분의 그림도 그릴 수 있다($\sqrt{3}$이나 $\sqrt{5}$도 다음 페이지와 같

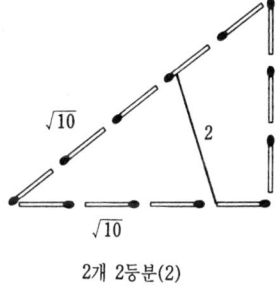

2개 2등분(2)

이 성냥개비를 사용하여 얻을 수 있고, $\sqrt{33}$은 빗변 6과 다른 한 변이 $\sqrt{3}$인 직각삼각형의 나머지 한 변으로 하면 된다).

수학 퍼즐 랜드

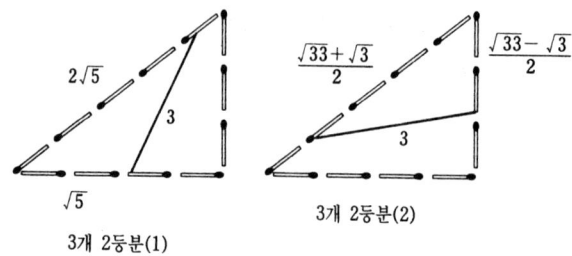

3개 2등분(1)   3개 2등분(2)

이하 3개나 4개로 넓이를 2등분하는 방법을 생각하기 위하여 기본형 4개 (A), (B), (C), (D)의 분할 패턴을 생각해 둔다.

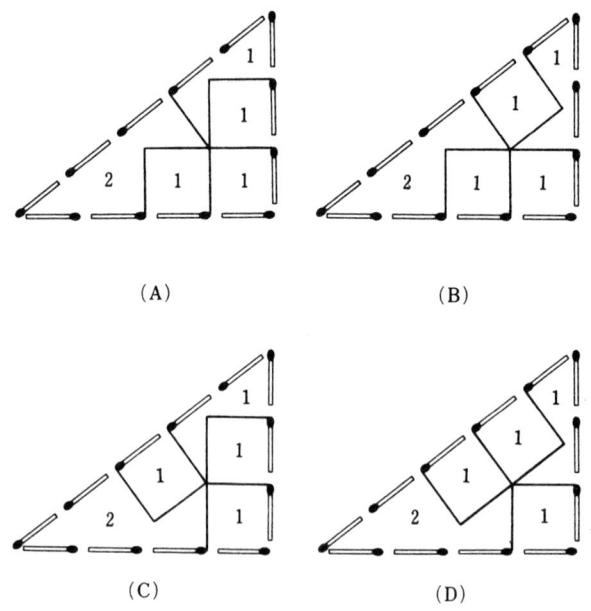

3개로 2등분하는 새로운 방법은 패턴 (C), (D)를 기초로 하여 오른쪽 그림과 같이 하면 된다. 또, 4개로 2등분할 때는 패턴 (A), (B)를 기초로 다음과 같이 분해할 수 있다.

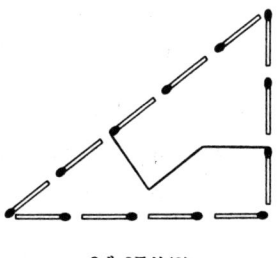

3개 2등분(3)

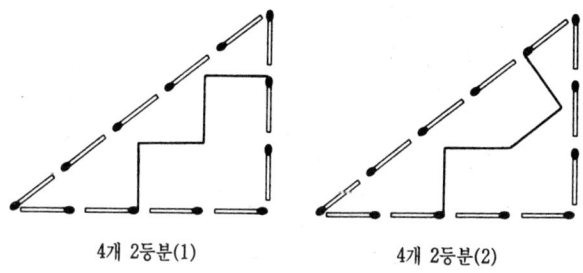

4개 2등분(1)   4개 2등분(2)

또한 2개 2등분의 그림 (1)이나 (2)를 기초로 하여 2개의 정삼각형을 출입시키면 다음과 같이 4개로 2등분할 수 있는 그림 (3), (4), (5)가 생긴다.

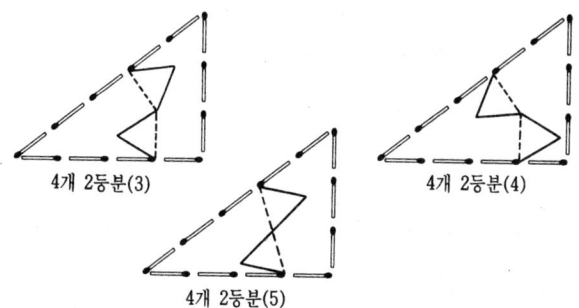

4개 2등분(3)   4개 2등분(4)

4개 2등분(5)

수학 퍼즐 랜드

4개 2등분의 다른 아이디어로서 한 변이 2인 정삼각형의 반인 직각삼각형을 2개 만들고 그것들을 출입시켜 4개 2등분의 그림 (6)을 만들 수 있다. 또 두 변이 1, 3인 직사각형의 반인 직각삼각형을 교묘히 이동시키는 방법도 있다[그림 (7), (8)]. 이외에 4개로 넓이를 2등분하는 것은 여러 가지 방법으로 할 수 있다[그림 (8), (9), (10)].

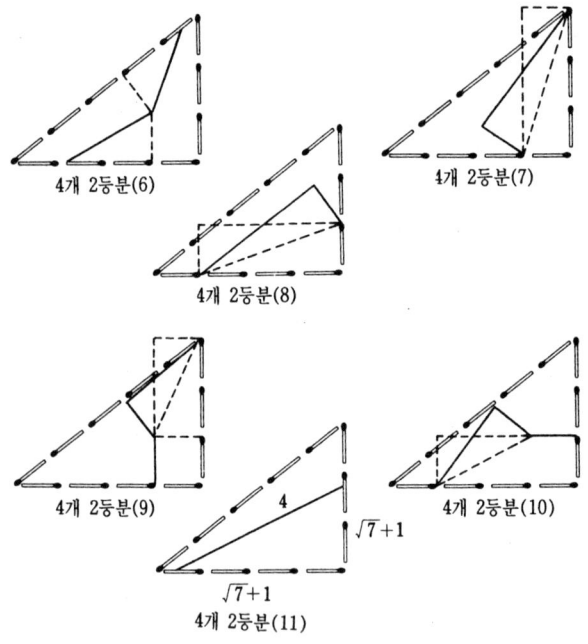

> **문제 2** 이 직각삼각형을 성냥개비 5개, 7개, 9개를 써서 넓이를 2등분하라.

성냥개비 3개로 2등분하는 그림 (3)을 기초로 하면 다음과 같은 것이 만들어진다(물론 이 이외에도 여러 가지 변화형이 있다).

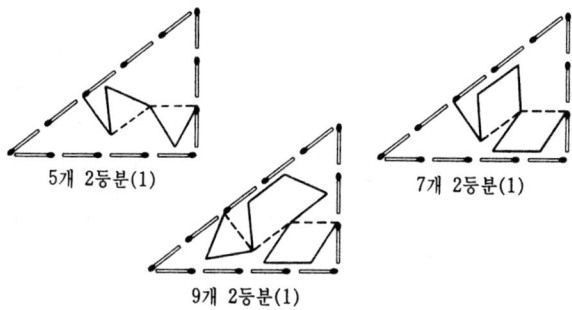

5개 2등분(1) 7개 2등분(1)
9개 2등분(1)

다른 아이디어로서 성냥개비 4개로 넓이 $\frac{3}{5}$인 마름모꼴을 5개 만들면 이것으로 넓이가 2등분된다. 5개 2등분 뿐만 아니고 이 그림 (2)에서 정삼각형을 출입시키면 7개 2등분도 된다.

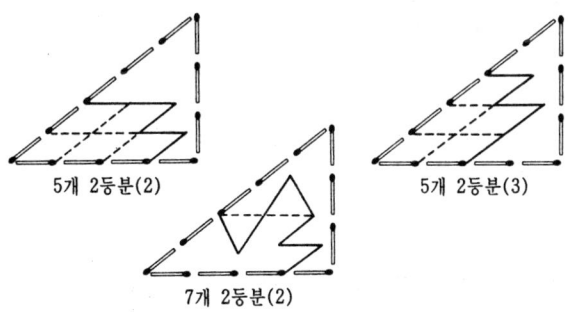

5개 2등분(2) 5개 2등분(3)
7개 2등분(2)

문제 3 이 직각삼각형을 성냥개비 6개, 8개, 10개를 써서 넓이를 2등분하라.

넓이 $\frac{3}{5}$인 마름모꼴을 5개 만드는 방법으로 6개 2등분을 할 수 있다. 또 4개 2등분의 그림 (1)이나 (2)를 기초로 하여 6개, 8개, 10개 2등분이 된다.

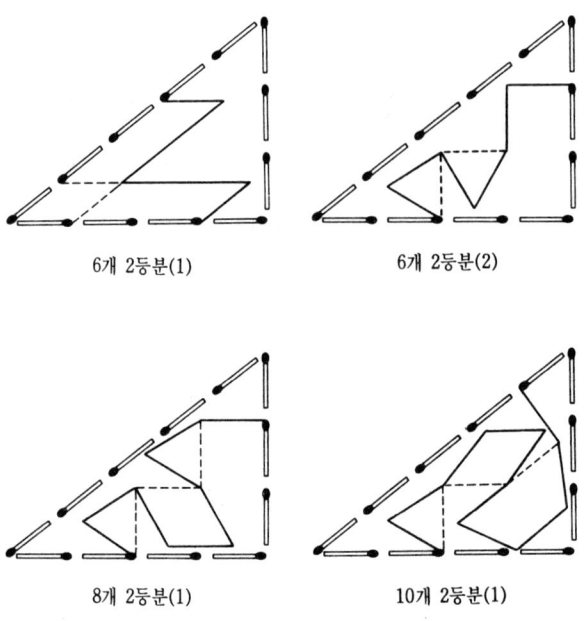

6개 2등분(1) 6개 2등분(2)

8개 2등분(1) 10개 2등분(1)

> **문제 4** 이 직각삼각형을 성냥개비 11개를 써서 넓이를 2등분하라.

성냥개비 10개로 2등분하는 해는 다카키(高木茂男)가 지은 『數學遊園地』(블루백스) 등에 나와 있다[10개 2등분의 그림 (2)]. 그런데 성냥개비 11개로 2등분하는 해답은 여기에 보인 것이 처음일 것이다. 이렇게 성냥개비가 몇 개나 사용되면서

제4장 성냥개비의 퍼즐

정확하게 넓이가 2등분되어 있는 것을 확인하였을 때, 하나의 놀라움을 느낄 것이다. 더욱이 이런 그림은 보기만 해도 즐겁다.

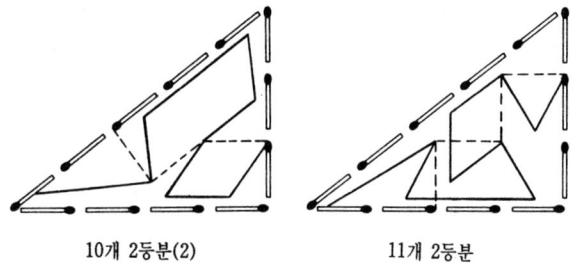

10개 2등분(2)　　　　　11개 2등분

12개 이상의 2등분 문제에 도전해 보자. 아래의 기분을 들뜨게 하는 아이디어는 효고 여자 단기 대학의 다나카 씨에 의한

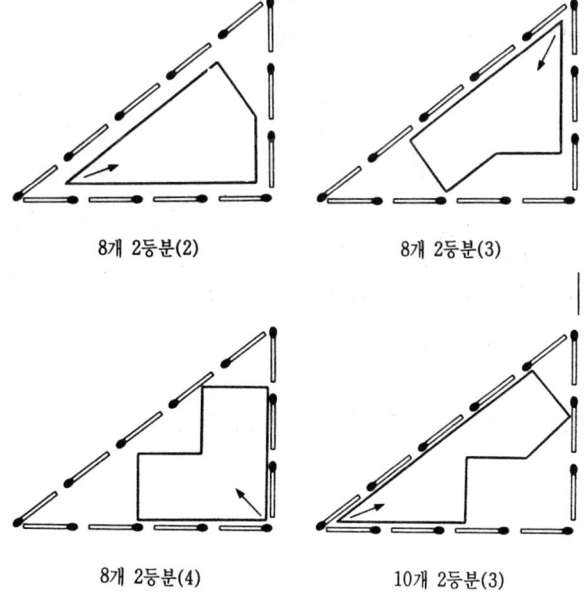

8개 2등분(2)　　　　　8개 2등분(3)

8개 2등분(4)　　　　　10개 2등분(3)

83

것이다. 예를 들면, 2개 2등분 그림 (1)의 왼쪽 사각형을 아래 왼쪽 그림과 같이 화살표 방향으로 조금 밀면 8개로 직각삼각형 넓이가 2등분된다.

또 3개 2등분의 그림 (3) 및 4개 2등분의 그림 (1)을 각각 화살표 방향으로 조금만 이동시키면 8개 2등분의 새로운 그림 (3)과 (4)가 만들어진다. 4개 2등분의 그림 (2)를 기초로 하면 10개 2등분의 그림 (3)이 만들어진다.

이 아이디어를 기초로 하여 8개 2등분의 그림 (1)을 조금 뜨게 하면 12개 2등분을 할 수 있고, 10개 2등분 그림 (1)을 조금 뜨게 하면 무려 16개 2등분의 그림이 만들어진다. 현재로서는 16개 2등분이 최고이다(물론 이 이외에도 16개 2등분의 그림은 여러 가지 만들 수 있고, 그 이하의 것도 당연히 만들 수 있다. 예를 들면, 11개 2등분 그림을 조금 왼쪽으로 평행 이동시키면 13개 2등분 그림이 만들어진다).

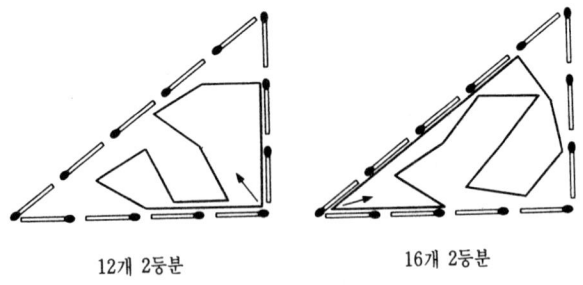

12개 2등분   16개 2등분

넓이 3등분이나 6등분 문제도 생각해 보자.

(1) 성냥개비의 수식

성냥개비를 사용하여 전자식 탁상 계산기 숫자를 만들어 보자. 성냥개비로 만드는 전탁 숫자는 다음과 같은 것이다.

특히 6, 7, 8에 대해서는 1개 부족한 것

도 인정하기로 한다.

문제 1 성냥개비를 사용하여 등식

을 만든다. 물론 '+'나 '='기호도 성냥개비 2개를 써서 만든다.

이 성냥개비 중, 2개만 움직여서 새로운 등식을 만들어라. 여러 가지 관점에서 여러 가지 등식을 만들어라.

문제 2 다음 등식

에 대해서 성냥개비 2개를 움직여서 새로운 등식을 만들어라.

수학 퍼즐 랜드

[해답] 문제 1. 1−1=0, −1=1−2
문제 2. 7−2=5, −1=2−3 외에 거꾸로 보거나 거울 문자로 보는 것도 있다.

문제 1

$$1-1=0$$
$$-1=1-2$$

문제 2

$$7-2=5$$
$$-1=2-3$$

이들 외에도 상하를 거꾸로 본 그림에서 2개 움직이면

$$3=2+1$$

로 할 수도 있다. 또 하나 거울 문자의 등식

$$+3=3$$

를 만든다. 이것을 반대 방향에서 보아서 거울에 비치면

$$+9=9$$

가 된다.

(2) 성냥개비로 둘러싼다.

성냥개비 12개로 한 변이 3인 정사각형을 둘러싸면 넓이 9인 도형이 만들어진다. 세로 2, 가로 4인 직사각형을 둘러싸면 넓이는 8이다. 또, 3, 4, 5의 직각삼각형을 둘러싸면 넓이는 6이다.

A 9 정사각형   B 8 직사각형   C 6 직각삼각형

문제

둘러싸인 도형의 일부를 접어서 오므려뜨리거나 여분의 도형을 덧붙여서 나중에 그것에 해당하는 넓이를 줄이는 아이디어 등을 사용하여 다음과 같은 넓이 4의 '인형', 넓이 3의 '못', 넓이 2의 '로켓'[고바야시(小林茂太郎) 씨 작] 등이 생긴다.

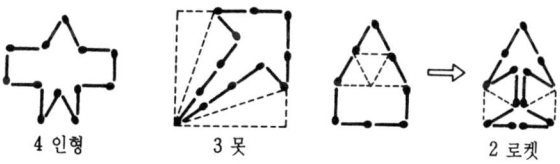

4 인형   3 못   2 로켓

이들을 힌트로 하여 넓이 3의 재미있는 도형을 만들어 보자. 다만 성냥개비가 여분으로 돌출되거나 성냥개비를 자르는 것은 안된다. 또 도형이 2개 이상으로 분할되는 것도 안되기로 한다.

수학 퍼즐 랜드

[해답]

아래 것은 어떤 잡지에서 현상 모집했을 때 우수상 등을 받은 작품이다.

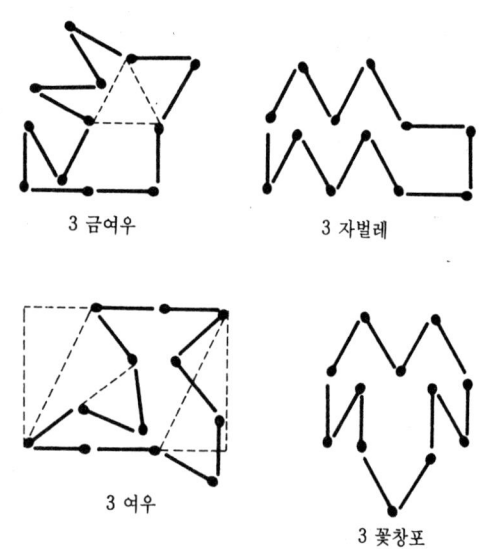

3 금여우　　　3 자벌레

3 여우　　　3 꽃창포

(3) 끝에 3개

문제 몇 개의 성냥개비가 있는데, 모든 성냥개비 끝에 성냥개비가 3개씩 모여 있다. 성냥개비는 몇 개 인가?

정사면체를 만들면 확실히 6개로 가능하다. 그런데 평면 내에서, 또한 성냥개비를 겹치는 일 없이 놓는다고 하면 몇 개로 가능할까?

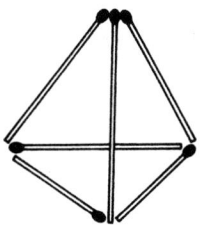

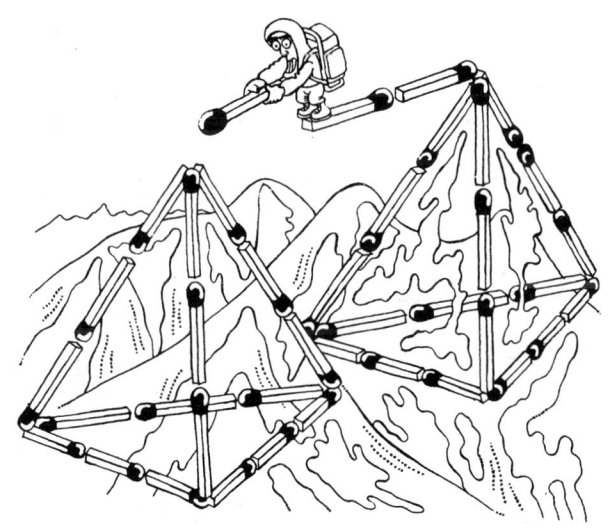

[해답] 12개

오른쪽 그림과 같이 배치하면 확실히 12개로 가능하다.

점의 수를 p, 선(성냥개비)의 수를 l, 면의(둘러싸인 도형의) 수를 s라고 하면 오일러의 공식에 의하여

$p-l+s=1$

이며 각 점에 선이 3개씩 모이므로

$2l=3p$

가 성립된다. 따라서

$p=2n,\ l=3n,\ s=n+1(n\geq 2)$

$n=2$일 때, 아래 왼쪽 그림과 같은 그림은 가능하지만, 이것은 같은 길이의 성냥개비로는 평면상에 구성할 수 없다.

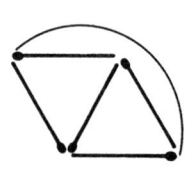 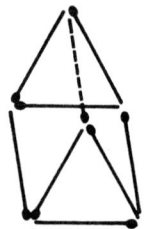

$n=3$일 때, 위의 오른쪽 그림과 같은 그림을 그릴 수 있는데 성냥개비가 겹치기 때문에 평면상에서는 구성할 수 없다.

이 문제는 1986년 잡지 『Quark』 11월호에 출제되었다. 또, 1987년 『Quark』 2월호에 끝에 4개 모이는 것을 평면상에 구성하는 문제가 현상으로 출제되어 야베(矢部寬) 씨가 104개의 해를 얻었다(94페이지 그림).

(4) 정사각형의 개수

성냥개비 9개를 오른쪽 그림과 같이 파라미드형으로 배치하면 작은 정삼각형이 4개, 큰 정삼각형이 1개로 총 5개의 정삼각형이 만들어진다.

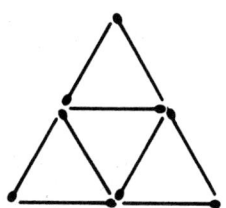

문제 1 성냥개비를 2개 움직여서 정삼각형을 4개 만들어라.

문제 2 역시 (처음의 피라미드 도형에서) 성냥개비를 2개 움직여서 정삼각형을 3개 만들어라.

문제 3 이번에도 (처음의 피라미드 도형에서) 성냥개비를 2개 움직여서 정삼각형을 2개 만들어라.

문제 4 이번에도 역시 (처음의 피라미드 도형에서) 성냥개비를 2개 움직여서 정삼각형을 1개 만들어라.

문제 5 끝으로 (처음의 피라미드 도형에서) 성냥개비 3개를 움직여서 정삼각형이 하나도 없게 만들어라.

회전시키거나 뒤집어서 같은 도형이 되는 것은 같은 종류라고 생각하고 될 수 있는 대로 다른 종류의 도형을 많이 만든다 (성냥개비 방향의 차이는 생각하지 않는다).

단, 성냥개비를 겹치거나, 또 어느 다각형에도 사용되지 않은 여분의 성냥개비가 없도록 한다.

수학 퍼즐 랜드

[해답] 아래 해답을 보기 바란다.

문제 1 아래와 같은 (1)과 (2), 2종류의 해가 있다.

문제 2 (3), (4), (5), (6), 4종류의 해가 있다.

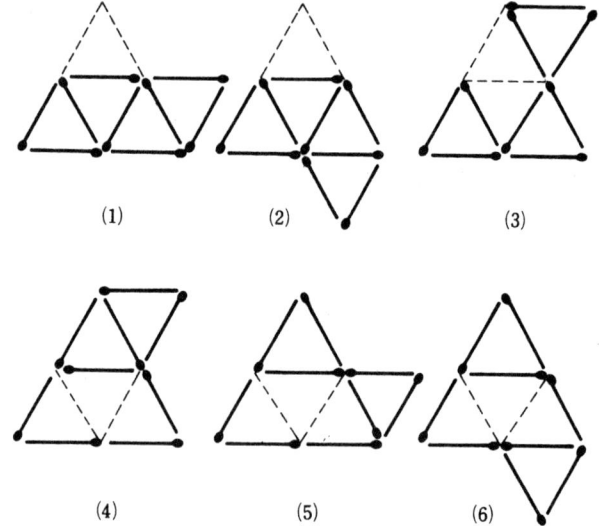

특히 (2), (4) 또는 (5), (6)의 해에서는 2개의 성냥개비를 변의 중앙에 놓는 해도 있다.

문제 3 (7), (8), (9) 3종류의 해가 있다.

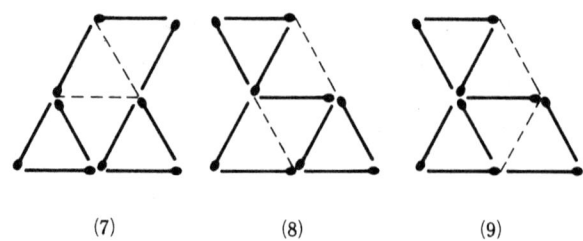

제4장 성냥개비의 퍼즐

문제 4 (10), (11) 2종류의 해가 있다.

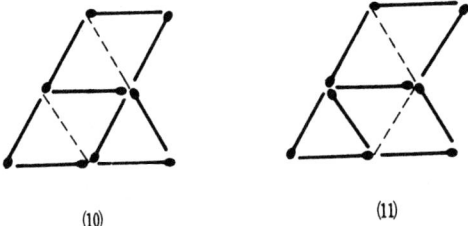

문제 5 (12), (13), (14), (15), (16), (17), (18), (19), 8종류의 해가 있다.

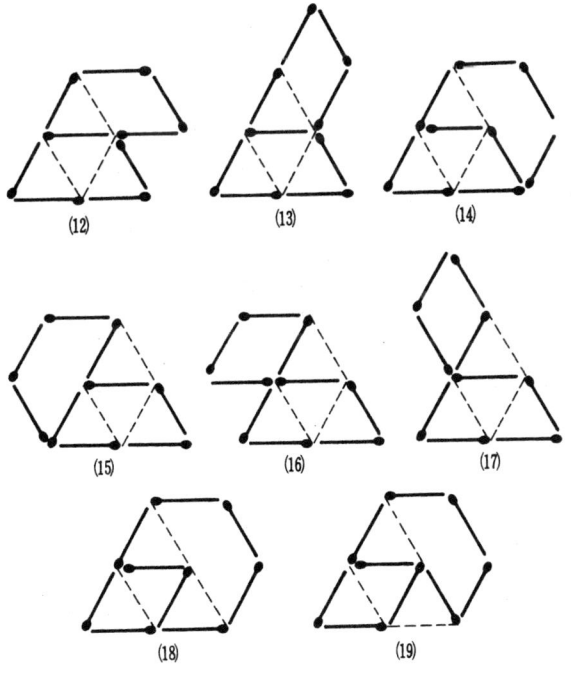

칼럼 — 끝에 4개

성냥개비를 '어느 끝이나 반드시 4개의 끝이 모이도록' 하고 싶다. 정팔면체를 만들면 12개로 된다.

이것을 평면 내에서 만들려고 하려면 상당히 어려운 문제이다. 아래 것은 야베(矢野寬) 씨에 의한 104개의 해이다.

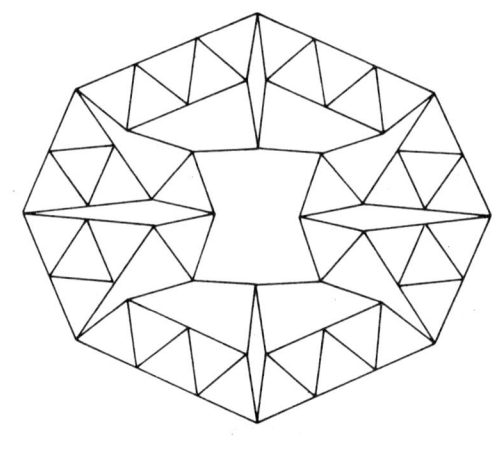

(5) 직사각형을 없앤다

성냥개비 40개를 그림과 같이 배열하여 4행 4열의 칸을 만든다. 이때 작은 정사각형이 16개, 중간이 9개, 큰 것이 4개, 주위의 정사각형이 1개, 합계 30개 있다. 그림 문제를 보자.

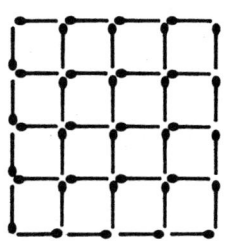

문제 1 이 중에서 9개의 성냥개비를 없애서 정사각형이 1개도 없게 하라.

문제 2 처음 도형에서 성냥개비 11개를 없애서 정사각형 뿐만 아니라 직사각형도 없게 만들어라.

수학 퍼즐 랜드

[**해답**] 아래 해답을 보자.

문제 1 여러 가지 해가 있는데, 그 중 하나만 오른쪽에 보인다. 8개 없애서 정사각형을 전부 없앨 수는 없다. 2개의 정사각형이 붙어 있는 오른쪽 아래 그림과 같은 그림이 8개 있으므로 정사각형을 전부 없애는 데는 최저 8개의 성냥개비를 제거할 필요가 있다.

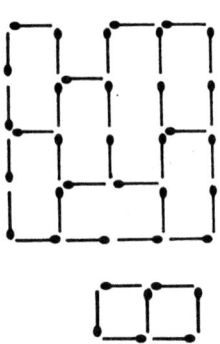

그러나 이것만으로는 가장 큰 정사각형이 남기 때문에 둘레의 변에서도 성냥개비 1개를 없앨 필요가 있다[나카무라(中村義作) 지음 『數學パズル·20の解法』블루백스 참조].(해는 1개뿐만이 아니다)

문제 2 이 경우도 여러 가지 해가 있는데, 오른쪽 그림은 그런 해의 하나이다.

3개의 정사각형이 붙어서 오른쪽 아래 그림과 같은 L자형이 생기는데, 이 그림에서 직사각형을 없애는 데는 최저 2개를 없애야 한다. 4행 4열의 정사각형 격자는 5개의 L자형과 1개의 작은 정사각형으로 되어 있다. 따라서 최저 11개의 성냥개비를 없앨 필요가 있다.

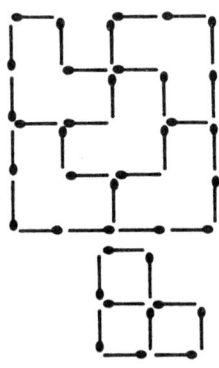

제 5 장

도형의 퍼즐
정삼각형만이다

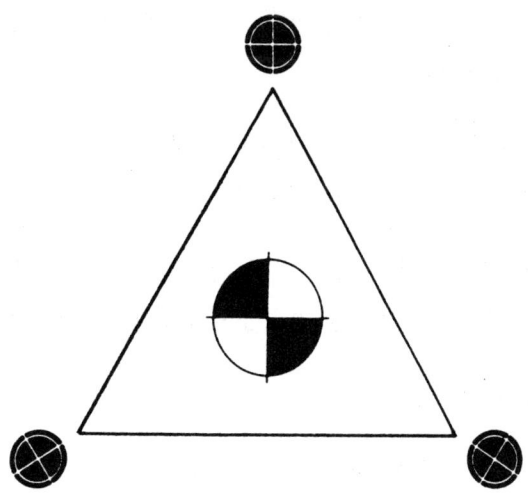

정삼각형만이다

삼각형의 각 변의 길이가 정수값이 되든가 3개의 안각이 모두 정수 각도가 되는 삼각형은 많이 있다. 그런데 각 변과 각 내각이 모두 정수값이 되는 삼각형이 있을까? 정삼각형은 확실히 이러한 조건을 만족하지만 이 이외에도 있을까?

> **정리 1** 삼각형 각 변의 길이가 정수값을 취하고 각 내각의 크기도 정수 각도를 취하는 삼각형은 정삼각형밖에 없다.

예전에 효고 여자 단기 대학의 다나카 씨에 의하여 이 정리가 증명되었다. 그 개요는 「別冊數理科學·パズル V」에 발표되었다. 그런데 이것을 일반화한 아래 정리 2는 예상되었지만 증명되지 않았다. 그후, 오카야마 현(岡山縣)의 가사오카(笠岡) 공업 고교의 아오에(靑江仁史) 씨가 그것을 증명하였으므로 여기에서 소개한다.

> **정리 2** 삼각형 3면의 길이비도, 3개의 각 크기비도 모두 정수비가 되는 것은 정삼각형뿐이다.

이 정리 2는 앞의 정리에 비해 상당히 어렵게 생각된다.
△ABC의 3변 a, b, c가 정수값을 취하면 코사인 정리에서

$$\cos A = \frac{b^2 + c^2 - a^2}{2bc}$$

이 되므로 각 내각의 코사인은 유리수가 된다. 또한

제5장 도형의 퍼즐

$\cos a = -\cos(180° - a)$

이므로 정리 1의 증명을 하는 데는 1°에서 89°까지의 각도 중, 그 각의 코사인이 유리수가 되는 것은 60°일 때뿐이라는 것을 보이면 되었는데, 정리 2에서는 0과 $\frac{\pi}{2}$만 유리수가 되는 것을 증명해야 하기 때문이다.

보조 정리 3

$\cos na = f_n(\cos a)$

$\sin na = g_n(\cos a) \sin a$

단, $f_n(x)$는 x의 n차의 다항식으로 x^n의 계수는 2^{n-1}이다. 특히 n이 홀수일 때 상수항은 0이 된다. 또 $g_n(x)$는 x의 $n-1$차의 다항식으로 x^{n-1}의 계수는 2^{n-1}이다. 특히 n이 짝수일 때 상수항은 0이다.

이 식에서 $\cos a$가 유리수이면 $\cos na$도 유리수인 것을 알게 된다.

이것은 n에 관한 수학적 귀납법에 의하여 증명된다.

$n=1$일 때, $f_1(x) = x = 2^{1-1}x$

$g_1(x) = 1 = 2^{1-1}$

$n=2$일 때, $f_2(x) = 2x^2 - 1$

$g_2(x) = 2x$

따라서, $n=1$ 및 $n=2$일 때, 정리는 확실히 성립하고 있다. $n=k$일 때의 정리를 가정하여 $n=k+1$일 때를 생각한다.

$\cos(k+1)a = \cos ka \cos a - \sin ka \sin a$

$$=f_k(\cos\alpha)\cos\alpha-g_k(\cos\alpha)(-\cos^2\alpha)$$
$$f_{k+1}(x)=f_k(x)x-g_k(x)(1-x^2)$$
$$=(2^{k-1}x^k+\cdots)x-(2^{k-1}x^{k-1}+\cdots+c)(1-x^2)$$
$$=2^kx^{k+1}+\cdots-c$$

가 되므로 $f_{k+1}(x)$는 x의 $k+1$차의 다항식으로 최고차의 계수는 2^k이다. 특히 $k+1$이 홀수일 때, k는 짝수이므로 $g_k(x)$의 상수항 c는 0이다. 따라서 $f_{k+1}(x)$의 상수항은 0이 된다.

$$\sin(k+1)\alpha=\sin k\alpha\cos\alpha+\cos k\alpha\sin\alpha$$
$$=[g_k(\cos\alpha)\cos\alpha+f_k(\cos\alpha)]\sin\alpha$$
$$g_{k+1}(x)=g_k(x)x+f_k(x)$$
$$=(2^{k-1}x^{k-1}+\cdots)x+(2^{k-1}x^{k-1}+\cdots+c)$$
$$=2^kx^k+\cdots+c$$

가 되므로 $g_{k+1}(x)$는 x의 k차의 다항식으로 최고차의 계수는 2^k가 된다. 특히 $k+1$이 짝수일 때, k는 홀수이므로 $f_k(x)$의 상수항 c는 0이 된다. 따라서 $g_{k+1}(x)$의 상수항은 0이 된다.

> **보조 정리 4**
>
> $\cos\dfrac{\pi}{N}$가 유리수이면 $N=1, 2, 3$

이것이 포인트가 되는 정리이다.

$N=2^m n$(n은 홀수)이라고 놓았을 때, $\cos\dfrac{\pi}{N}$가 유리수이면 $m\leq 1$에서 $n\leq 3$인 것을 증명한다.

먼저 $m\geq 2$라고 가정하면 $\dfrac{\pi}{4}$와 $\dfrac{\pi}{N}$의 정수 배가 되므로 보조 정리 3에 의하여 $\cos\dfrac{\pi}{4}$는 유리수가 되므로 불합리하다. 따라서

$m \leq 1$이다.

다음에 $n \geq 5$라고 가정하자. $\frac{\pi}{n}$는 $\frac{\pi}{N}$의 정수 배이므로 $\cos\frac{\pi}{n}$는 유리수가 된다. $a=\frac{\pi}{n}$, $x=\cos a$라고 놓으면

$$x=\cos a > 0, \quad \cos na = \cos \pi = -1$$

n이 홀수이므로 보조 정리 3에 의하여

$$2^{n-1}x^n + \cdots + 1 = 0$$

이 된다. x는 이 방정식의 양의 유리수 해이므로

$$x = \frac{1}{2^r} \quad (0 \leq r \leq n-1)$$

이어야 한다. 그런데 $n \geq 5$이므로 $0 < \frac{\pi}{n} < \frac{\pi}{3}$, 따라서

$$1 > \cos\frac{\pi}{n} = x > \frac{1}{2}$$

가 되는데, 이것은 $x=\frac{1}{2^r}$ 과 모순된다. 따라서 $n \leq 3$이어야 한다.

즉, $m \leq 1$에서 $n \leq 3$인데 이 중 $m=1$, $n=3$(즉 $N=6$)일 때

$$\cos\frac{\pi}{6} = \frac{\sqrt{3}}{2}$$

이 되어 무리수이다. 따라서 $m \leq 1$, $n=1$이거나 $m=0$, $n=3$ (즉, $N=1, 2, 3$)이어야 한다.

이것으로 보조 정리 4의 증명은 끝났다.

드디어 정리 2의 증명을 해보자.

$\triangle ABC$의 3개의 내각의 비가 $l:m:n$이고 l, m, n의 최대 공약수가 1이라고 한다. 즉

수학 퍼즐 랜드

$A=l\theta,\ B=m\theta,\ C=n\theta$

라고 놓으면

$(l+m+n)\theta=\pi$

라고 할 수 있다. 또 삼각형의 세 변 $a,\ b,\ c$의 비도 정수비이므로 코사인 정리에 의하여 $\cos A,\ \cos B,\ \cos C$는 모두 유리수이다. 한편, $l,\ m,\ n$의 최대 공약수는 1이므로 정수론의 성질에 의하여

$lx+my+nz=1$

이 되는 정수 $x,\ y,\ z$가 존재한다.

$$\cos\theta = \cos(l\theta x + m\theta y + n\theta z)$$
$$= \cos(Ax+By+Cz)$$

가 되는데 $\cos A,\ \cos B,\ \cos C$가 유리수인 것을 이용하여 $\cos\theta$도 유리수가 되는 것을 증명한다.

$$\cos\theta = \cos(Ax+By+Cz)$$
$$= \cos Ax\ \cos By\ \cos Cz - \cos Ax\ \sin By\ \sin Cz$$
$$- \cos By\ \sin Cz\ \sin Ax - \cos Cz\ \sin Ax\ \sin By$$

그런데 보조 정리 3에서 $\cos Ax = f_x(\cos A)$이므로 $\cos Ax$는 유리수이다. 마찬가지로 $\cos By,\ \cos Cz$도 유리수이다.

다시 한번 보조 정리 3을 사용하면

$\sin By\ \sin Cz = g_y(\cos B)\ g_z(\cos C)\ \sin B\ \sin C$

로 나타낼 수 있는데, 사인 정리에 의하여

$$\sin B \sin C = \frac{bc}{a^2} \sin^2 A = \frac{bc}{a^2}(1-\cos^2 A)$$

가 되어 $\sin B \sin C$도 유리수이다. 또한 $g_y(\cos B)$, $g_z(\cos C)$도 유리수이므로 $\sin By \sin Cz$는 유리수이다. 같은 방법으로 $\sin Cz \sin Ax$, $\sin Ax \sin By$도 유리수이다.

따라서 $\cos\theta$는 유리수가 된다.

$$\cos\theta = \cos\frac{\pi}{l+m+n}\text{가 유리수}$$

이므로, 보조 정리 4에서

$$l+m+n = 1, 2, 3$$

인데, l, m, n은 모두 1 이상이므로

$$l = m = n = 1$$

즉, $A=B=C$이므로 삼각형은 정삼각형이 된다.

이상으로 정리 2가 증명되었다. 따라서 이것의 특별한 경우에 해당하는 정리 1의 증명도 완료된 것이 된다.

수학 퍼즐 랜드

칼럼 수의 그림 문자

(1)   (2)

(1)의 왼쪽 남자

$$8 \times 107 \left(\dfrac{\dfrac{11111111}{11111111}}{\dfrac{16316}{8158 \times 107^2}} \right) 107 \div 8$$

(1)의 오른쪽 남자

$$\dfrac{\dfrac{\dfrac{1}{4}}{\dfrac{5}{\left(\dfrac{10610}{4}\right)}}}{\dfrac{8448}{8}}$$

두 식을 계산하면 모두 2, 두 사람의 지식은 같다.

(2)의 오른쪽 남자

$$\dfrac{\dfrac{\dfrac{6666}{6666}}{\left(\dfrac{66666}{399996}\right)}}{\dfrac{8}{4+4}}$$

이 답은 6

(1) 원에 접하는 다각형

문제 1 원에 내접하는 정사각형의 넓이는 그 원에 외접하는 정사각형의 넓이의 몇 분의 1인가?

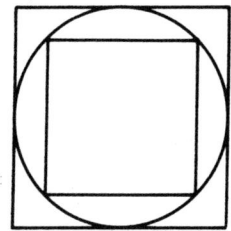

문제 2 원에 내접하는 정삼각형의 넓이는 그 원에 외접하는 정삼각형의 몇 분의 1인가?

문제 3 원에 내접하는 정n각형의 넓이와 그 원에 외접하는 정n각형의 넓이의 비를 구하라.

[해답] 문제 1. 2분의 1
　　　　문제 2. 4분의 1
　　　　문제 3. $\cos^2 \dfrac{180°}{n} : 1$

문제 1

내접하는 정사각형을 그림과 같이 회전시켜 보면 작은 정사각형은 외접하는 큰 정사각형의 절반이라는 것을 일목요연하게 알 수 있다.

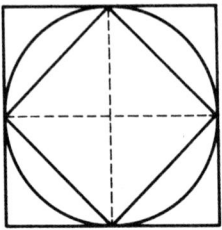

문제 2

이 때도 내접하는 작은 정삼각형을 그림과 같은 위치로 회전하여 보면 작은 정삼각형은 외접하는 큰 정삼각형의 4분의 1이 되는 것을 눈에 선하게 알 수 있다.

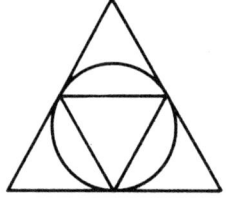

문제 3

원의 반지름을 1이라 하고 그 원에 내접 및 외접하는 정n각형의 한 변의 길이를 각각 $2x$ 및 $2y$라고 한다. 다시
$$a = \frac{180°}{n}$$
라고 놓으면
　　$x = \sin a, \ y = \tan a$
이므로
　　내접 다각형 : 외접 다각형
　　$= x^2 : y^2 = \sin^2 a : \tan^2 a$
　　$= \cos^2 a : 1$

제5장 도형의 퍼즐

(2) ▮ 평행사변형의 변의 중점

평행사변형 ABCD가 있다. 각 변 AB, BC, CD, DA의 중점을 각각 M, N, K, L이라고 한다.

문제 1 변 AB, BC 및 직선 AN, CM으로 둘러싸인 빗금 친 부분의 넓이는 전체 평행사변형 ABCD의 몇 분의 1인가?

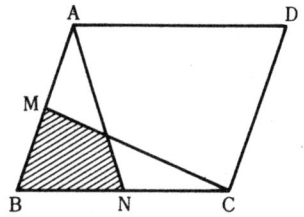

문제 2 4개의 직선 AK, AN, CL, CM으로 둘러싸인 도형의 넓이는 전체 평행사변형의 몇 분의 1인가?

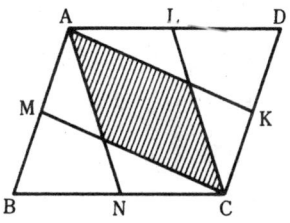

문제 3 4개의 직선 AN, BK, CL, DM으로 둘러싸인 도형의 넓이는 전체 평행사변형의 몇 분의 1인가?

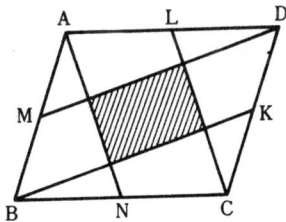

[해답] 문제 1. $\frac{1}{6}$

문제 2. $\frac{1}{3}$

문제 3. $\frac{1}{5}$

문제 1

MN∥AC이므로

△ACM=△ACN

따라서

△APM=△CPN

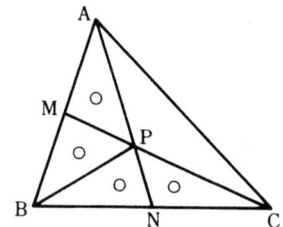

이 된다. 이 넓이 ○를 1이라고 생각하면 △ABN은 3, △ABC는 6이다. 따라서 평행사변형 ABCD는 12가 되므로 사선 부분 BNPM의 넓이 2는 전체의 $\frac{2}{12}$, 즉 $\frac{1}{6}$이다.

문제 2

위의 삼각형 그림을 보라. △APC는 2이므로 △ABC의 $\frac{2}{6}$, 즉 $\frac{1}{3}$이다. 따라서 사선 부분은 평행사변형 ABCD의 $\frac{1}{3}$이다.

문제 3

오른쪽 그림과 같이 작은 삼각형을 중점 주위로 회전시키면 십자가 모양의 도형이 생긴다. 따라서 사선 부분의 넓이는 전체의 $\frac{1}{5}$인 것을 쉽게 알게 된다.

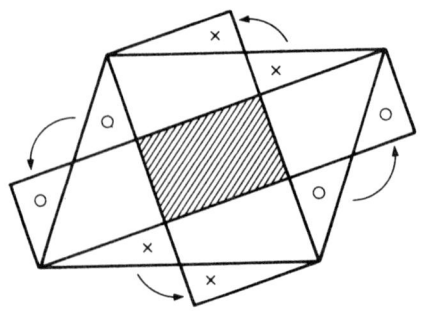

(3) 소의 뿔

문제 1 O를 중심으로 하고 반지름 AO인 원의 $\frac{1}{4}$ AOB를 그린다. 다음에 BO를 지름으로 하는 반원을 그 $\frac{1}{4}$ 인 원의 내부에 그린다. '소의 뿔'이라고 부르는 빗금 친 부분의 넓이를 BO를 지름으로 하는 반원의 넓이와 대소를 비교하자.

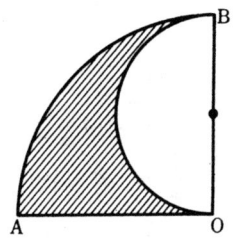

문제 2 위와 같이 O를 중심으로 하여 반지름 AO인 원의 $\frac{1}{4}$ AOB를 그린다. 다음에 AO 및 BO를 지름으로 하는 반원을 각각 이 $\frac{1}{4}$ 의 원 내부에 그린다.

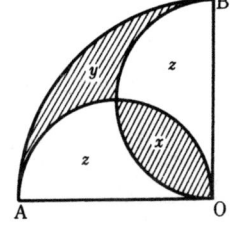

렌즈 모양 부분의 넓이 x와 기러기가 나는 모양 부분의 넓이 y의 대소를 비교하라.

AO=2로 하였을 때, x와 y값을 구하라.

[해답] 문제 1. 같다.
문제 2. $x=y=\dfrac{1}{2}(\pi-2)$

문제 1

AO의 길이를 $2r$이라고 하면

$\dfrac{1}{4}$ 의 원 $=4\pi r^2 \div 4 = \pi r^2$

반원 $=\pi r^2 \div 2 =$ 소의 뿔

이 된다.

문제 2

위의 문제 1에서

반원=소의 뿔

이므로

$x+z=y+z$

가 되어 $x=y$가 되는 것을 금방 알게 된다.

AO=2로써 각 넓이를 구해 보자. 렌즈 모양 부분을 반으로 나누고 기러기 모양인 곳에 붙이면 AB를 현으로 하는 하나의 활꼴이 생긴다. 따라서

$2z=\triangle \text{AOB}=2$

가 되는 것을 알게 되고 $z=1$이다. 또

$x+y=$(활꼴)$=\pi-2$

이므로

$x=y=\dfrac{1}{2}(\pi-2)$

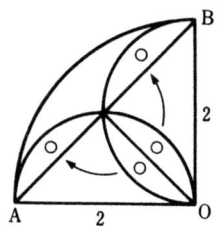

제5장 도형의 퍼즐

(4) 4장의 은행잎

문제 1 반지름 2의 대원 안에 반지름 1의 소원을 그림과 같이 4개 그린다. 빗금이 그어지지 않은 4개의 은행잎 넓이를 구하여라.

문제 2 오른쪽 그림은 한 변이 4인 정사각형 내에 지름 2의 반원을 8개 그린 무늬이다. 빗금 친 부분의 넓이를 구하라.

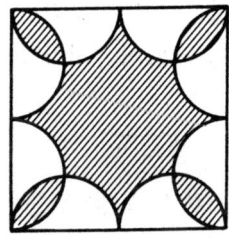

111

수학 퍼즐 랜드

[해답] 문제 1. 넓이 8
         문제 2. 넓이 8

문제 1

앞의 문제 2와 같이 렌즈 모양 부분을 반으로 하여 기러기 모양인 곳에 붙이면 오른쪽 그림과 같이 4개의 활꼴이 생긴다. 따라서 4개의 은행잎 부분은 1개의 정사각형이 되었다. 그 한 변이 $2\sqrt{2}$ 이므로 넓이는 8이다.

문제 2

렌즈 모양 부분은 메워져 있어서 한변이 $2\sqrt{2}$ 인 작은 정사각형이 생긴다. 따라서, 빗금 친 부분의 넓이는 8이 된다.

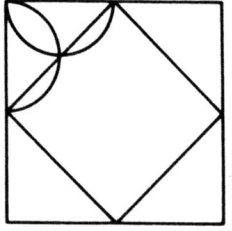

(5) 각의 크기

문제 평행사변형 ABCD에서 대각선과 변 AB가 이루는 각이 15°와 30°이다.

∠CAB=15°, ∠DBA=30°

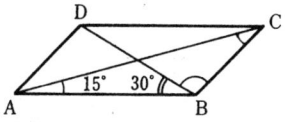

이때,

변 BC와 대각선이 이루는 각 ∠ACB 및 ∠DBC를 구하라.

[해답]   ∠ACB=30°, ∠DBC=105°

대각선의 교점을 O라 하고, D에서 AB에 내린 수선의 발을 H라고 한다. 그러면

∠BDH=60°
OB=OD=DH=OH

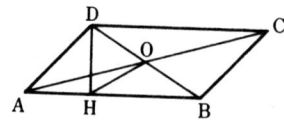

따라서

∠OHB=30°
∠AOH=∠OHB−∠OAH=15°

그러므로

AH=OH=DH

결국, △DAH는 직각이등변삼각형이 되므로

∠DAH=45°(=∠BCD)

따라서

∠ACB=45°−∠ACD=30°
∠DBC=∠ABC−∠ABD=105°

제 6 장
종이접기의 퍼즐
2장의 색종이

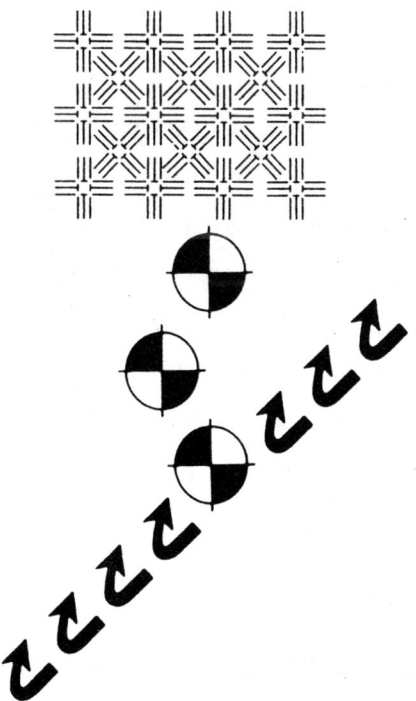

수학 퍼즐 랜드

2장의 색종이

먼저 문제부터 시작한다.

> **문제 1** 크기가 같은 2장의 색종이가 있다. 1장의 색종이 ABCD 위에 또 1장의 색종이 A′B′C′D′를 겹쳐 각 변이 서로 두 점에서 교차되게 한다.
> 그렇게 하면 위의 색종이 위에 있는 한 점을 고정하여 그 점 주위로 위의 색종이를 회전시키면 아래 색종이와 잘 겹치게 된다.
> 왜 그럴까?

제멋대로 2장의 색종이를 놓았다고 해도 1점 주위를 회전하는 것만으로 2장의 색종이가 겹쳐진다니 정말 놀랄 일이다.

색종이 ABCD의 각 변 AB, BC, CD, DA가 다른 1장의 색종이 A′B′C′D′와 각각 차례로 그림 P와 P′, Q와 Q′, R과 R′, S와 S′에서 교차되어 있다고 한다.

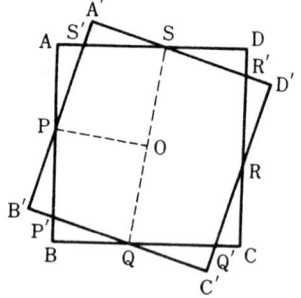

또 PS를 지름으로 하는 원과 PQ를 지름으로 하는 원과의 교점을 O라고 한다. 그러면

$\angle POS = 90°$, $\angle POQ = 90°$

이므로 세 점 S, O, Q는 일직선상에 있다.

한편 다섯 점 A′, A, P, O, S는 동일 원주상에 있으므로

$\angle OA'P = \angle OAP$ ················ ①

마찬가지로 다섯 점 B′, B, Q, O, P도 동일 원주상에 있으므로

$\angle OB'P = \angle OBP$ ················ ②

또 2장의 색종이는 합동이므로

$A'B' = AB$ ······················ ③

이들 ①, ②, ③에서

$\triangle OA'B' \equiv \triangle OAB$

여기서

$OA' = OA$, $OB' = OB$
$\angle OA'A = \angle OB'B$

라는 것을 알게 된다.

따라서 위의 색종이 A′B′C′D′를 O를 중심으로 하여 회전시키면 A′는 A에, B′는 B에 겹쳐진다. 그러므로 나머지 꼭지점 C′ 및 D′도 각각 C 및 D에 겹친다.

이상으로 처음 문제의 증명이 끝난다.

그런데 이 정점 O는 PR과 QS의 교점이라는 것을 증명하기로 한다.

위의 증명에서도 알 수 있는 것같이 O를 중심으로 회전시키

면 C′는 C에, D′는 D에 겹쳐지므로

　　C′O=CO, D′O=DO

따라서

　　△C′OD′≡△COD

가 되므로

　　∠OC′R=∠OCR

이므로 O, R, C, C′는 QR을 지름으로 하는 원주상에 있다. 따라서

　　∠QOR=90°

가 되어 세 점 P, O, R은 일직선상에 있다. 즉 점 O는 PR과 QS의 교점인 것을 알게 된다. 또한 PR과 QS는 O에서 직교하고 있다.

　이 두 장의 색종이의 성질을 이용한 작도 문제를 생각하기로 한다.

문제 2　평면상에 네 점 P, Q, R, S가 오른쪽 그림과 같이 주어져 있다.
　이들 점을 각 변 위에 갖는 정사각형 ABCD를 작도하라.

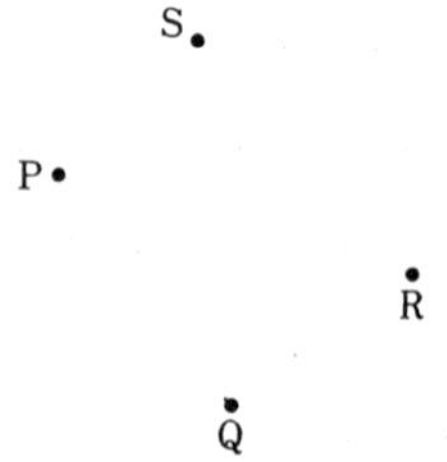

상당히 어렵게 보이는데 앞의 두 장의 색종이 성질을 이용하는 것이 중요한 힌트가 된다. 정사각형의 변 AB, BC, CD, DA상에 각각 P, Q, R, S가 오는 정사각형 ABCD를 그릴 수 있다고 하자. 그러면 Q에서 PR에 수직선을 긋고 AD와의 교점을 S'이라고 하면 QS'=PR이었다.

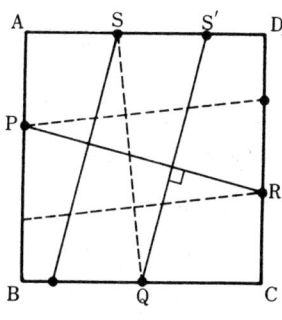

따라서 다음과 같은 작도 방법이 있다. Q에서 PR에 수직선을 긋고

$$QS' = PR$$

이 되는 점 S'을 내린다. SS'을 잇고 P 및 R에서 SS'에 수선을 내리고 그 발을 각각 A, D라고 한다. AD를 한 변으로 하는 정사각형 ABCD를 그리면 이것이 구하는 정사각형이 된다.

네 점 P, Q, R, S를 제멋대로 주었을 때, 언제나 그들 점을 변 위에 갖는 정사각형을 그릴 수 있는가 하면 항상 그렇게 되지는 않는다.

그러나 주어진 네 점 P, Q, R, S가 변 위, 또는 변의 연장선 상에 오는 정사각형을 작도하는 것이라면 대체적으로 가능하다. 대체적이라는 것은

S가 △PQR의 수심이고
PQ≠RS, PR≠QS, PS≠QR

의 경우만은 잘 되지 않는다.

두 장의 정삼각형 색종이 문제를 생각해 보자.

> **문제 3** 합동인 2개의 정삼각형이 있다. 1개의 정삼각형 ABC상에 또 1개의 정삼각형 A′B′C′를 겹쳐 각 변이 서로 두 점에서 교차되어 있다.
>
> 그렇게 하면 어떤 점 O 주위에 정삼각형 A′B′C′를 회전시키면 정삼각형 ABC와 잘 겹친다.

증명은 두 개의 정사각형 색종이일 때와 같다. PR을 현으로 하여 A, A′를 지나는 원과 PQ를 현으로 하고 B, B′를 지나는 원과의 교점을 O라고 하면

∠OA′P=∠OAP
∠OB′P=∠OBP
A′B′=AB

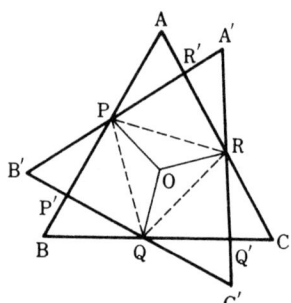

이므로

△OA′B′≡△OAB

가 된다. 따라서

OA′=OA, OB′=OB
∠A′OA=∠B′OB

이므로 O를 중심으로 △A′B′C′를 회전시키면 △ABC와 잘 겹친다.

제6장 종이접기의 퍼즐

칼럼　　　　　　　　회전의 눈

문제 1이나 문제 3의 회전 중심을 눈으로 볼 수 있게 하는 데는 직사각형 내에 점을 플롯해 두고 그것을 복사하여 직사각형을 2개 만든다. 이 2개의 직사각형을 조금만 밀어서 겹치게 하고 비추어 보면 한 점 주위에서 뿔뿔이 흩어진 점이 원을 이루고 있는 것처럼 보인다. 1개를 조금 움직이면 회전의 눈이 움직이므로 만화경을 들여다보는 것 같은 불가사의한 감동을 느끼게 된다. 정삼각형의 경우도 같다. 또 합동인 2개의 도형이면 어떤 도형이라도 같다.

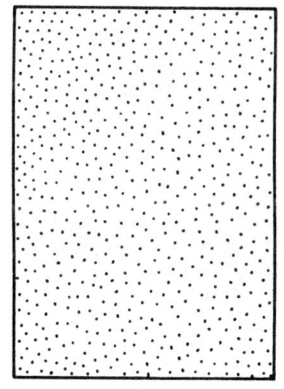
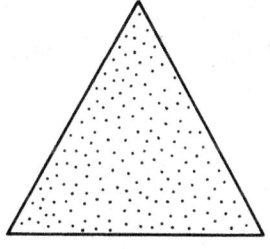

수학 퍼즐 랜드

칼럼 — 삼원 그림

보는 원숭이   듣는 원숭이   말하는 원숭이

보는 원숭이   듣는 원숭이   말하는 원숭이

(1) 겹친 부분

크기가 같은 2장의 색종이가 있다.

문제 1 1장의 색종이 중심 (대각선의 교점) O에 또 1장의 색종이의 모서리(꼭지점)가 오도록 겹친다. 이때 겹쳐진 부분의 넓이는 색종이 넓이의 몇 분의 1인가?

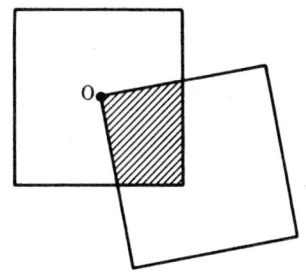

문제 2 색종이 2장의 모서리 (꼭지점)를 붙여서 겹친다. 겹친 부분의 넓이가 1장의 색종이 넓이의 반이 되게 하려면 어떻게 놓으면 될까?

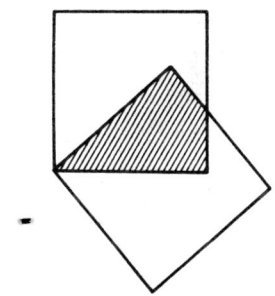

[해답] 문제 1. $\frac{1}{4}$

문제 2. 색종이 변의 중점에서 겹치도록 놓는다.

문제 1 O에서 BC, CD에 수선을 내리면 빗금 친 2개의 직각삼각형은 합동이므로 겹친 부분의 넓이는 색종이의 4분의 1과 같다는 것을 알게 된다.

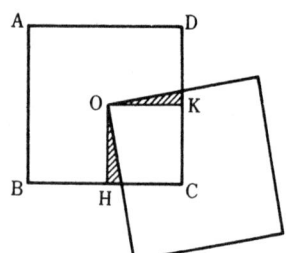

문제 2 1개의 색종이 ABCD와 모서리 B를 공유하는 색종이가 E에서 교차하고 있다. BC=1, CE=x라고 놓으면 겹친 부분의 넓이는

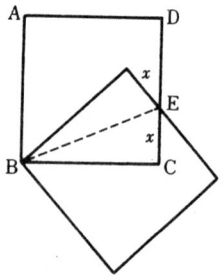

$2\triangle BCE = x$

따라서 $x = \frac{1}{2}$, 즉, E가 CD의 중점에 오게 하면 된다.

(2) 겹치지 않는 부분

문제 1 1장의 색종이 ABCD의 꼭지점 C가 DA의 중점 M에 오도록 접는다. 그렇게 하면 겹치지 않는 부분에서 직각형이 3개 생긴다. 이들 직각삼각형의 세 변의 비를 구하라.

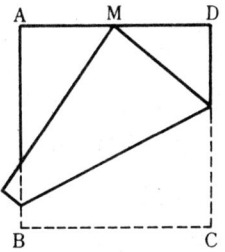

문제 2 1장의 색종이의 반, 즉 변의 비가 2:1인 직사각형이 있다. 이 직사각형의 대각선으로 접으면 겹치지 않는 부분으로 직각삼각형 2개가 생긴다. 이들 직각삼각형의 세 변의 비를 구하라.

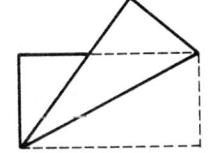

[해답] 문제 1. 모두 3:4:5
　　　문제 2. 모두 3:4:5

문제 1   색종이를 EF에서 접었다고 하자. 색종이의 한 변을 2라 하고 FD=x라고 놓으면
　　FM=FC=2−x
이므로 △DMF에 3제곱의 정리를 적용하여

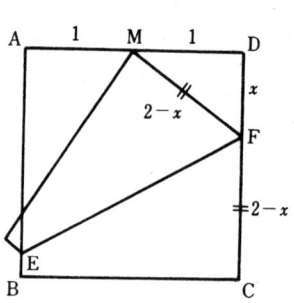

　　$(2-x)^2 = x^2 + 1$
이것을 풀면 $x = \dfrac{3}{4}$
따라서 세 변의 비는
　　$x : 1 : 2-x = 3 : 4 : 5$

다른 삼각형은 모두 이 △DMF와 닮음꼴이므로 변의 비는 같다.

문제 2   직사각형 ABCD의 대각선 BD에서 접었을 때, 변이 E에서 서로 교차된다고 한다.
　　AB=1, AE=x
라고 놓으면 BE=DE=2−x

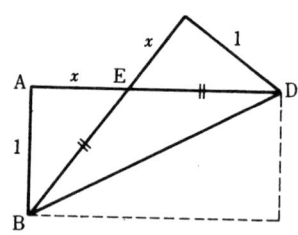

　따라서
　　$(2-x)^2 = x^2 + 1$
이 되어 문제 1과 같이 세 변의 비는
　　$x : 1 : 2-x = 3 : 4 : 5$
이다. 다른 삼각형도 이것과 합동이다.

제 6장 종이접기의 퍼즐

(3) 정사각형일까?

정사각형인 듯한 사각형의 종이가 있다. 그것이 정사각형이라는 것을 종이를 접어서 확인하고 싶다.

문제 1 마주 보는 변의 중점을 잇는 가로선을 접었더니 꼭 겹쳤다. 그러면 이 사각형은 어떤 도형일까?

문제 2 다시 한번 중점을 잇는 세로선에서 접었더니 역시 꼭 겹쳤다. 그러면 이것은 어떤 사각형인가?

문제 3 위 문제와는 다른 사각형을 2개의 대각선에서 접었더니 모두 꼭 겹쳤다. 이 사각형은 어떤 사각형인가?

문제 4 사각형 종이가 정사각형인 것을 확인하려면 최소한 몇 번 접어야 할까?

수학 퍼즐 랜드

[해답] 문제 1. 등변사다리꼴
문제 2. 직사각형
문제 3. 마름모꼴
문제 4. 2번

문제 1 사각형 ABCD를 BC의 중점 M과 AD의 중점 N을 잇는 선에서 접으면 꼭 겹친다고 하자. 그러면
∠A=∠D, ∠B=∠C
가 되어
∠A+∠B=180°

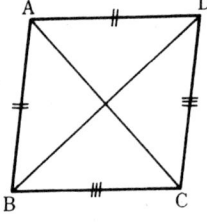

가 되고 AD∥BC이므로 사각형 ABCD는 사다리꼴이다. 또한 ∠B=∠C이므로 등변사다리꼴이라는 것을 알게 된다.

문제 2 ∠A=∠B=∠C=∠D를 확인할 수 있으므로 이 사각형은 직사각형이다.

문제 3 사각형 ABCD를 대각선 AC에서 접었을 때, 꼭 겹쳤다고 하면
AB=AD, BC=CD
가 된다. 다시 한번 BD에서 접어서 겹치면
AB=BC=CD=DA

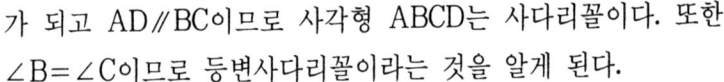

라고 할 수 있으므로 마름모꼴인 것을 알게 된다.

문제 4 BC의 중점 M과 AD의 중점 N을 잇는 선에서 접었을 때, 꼭 겹친다고 하자. 이어 대각선 AC에서 접었을 때, 다시 꼭 겹쳤다면 이 사각형은 정사각형이다.

(4) 몇 도인가?

문제 1 정사각형 ABCD의 변 BC상에 점 E, 변 CD상에 점 F를 잡고
$$\angle BAE = 20°$$
$$\angle DAF = 25°$$
가 되도록 한다. 이때
$$\angle AEF = x, \ \angle AFE = y$$
를 구하라

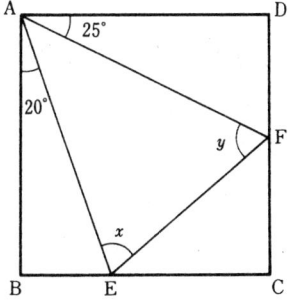

문제 2 정사각형 ABCD의 내부에 점 E를 잡고 △EAD가 이등변삼각형으로
$$\angle EAD = 15°$$
가 되도록 한다.
이때 ∠BEC를 구하라.

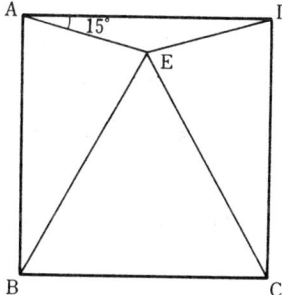

[해답] 문제 1. $x=70°$, $y=65°$
문제 2. $\angle BEC=60°$

문제 1   △ADF와 합동인 삼각형 ABG를 정사각형 밖에 만든다. 그러면

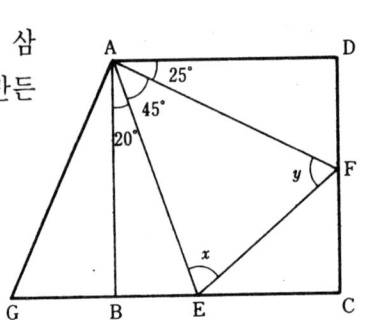

AF=AG
$\angle EAF = \angle EAG$
$= 45°$

으로 AE는 공통이므로

△AEF≡△AEG

따라서

$x = \angle AEF = \angle AEB = 90° - 20° = 70°$
$y = \angle AFE = \angle AFD = 90° - 25° = 65°$

문제 2   정삼각형 AEF를 △AEB 속에 그리면

$\angle BAF = \angle DAE = 15°$
AF=AE, AB=AD이므로
△ABF=△ADE

한편

$\angle BFE = 150° = \angle BFA$

라고 되므로

△EBF≡△ABF

따라서

BE=EC=BC

가 되어 △BCE는 정삼각형이다. 그러므로

$\angle BEC = 60°$

(5) ▮ 넓이 $\frac{1}{3}$, $\frac{1}{5}$의 정사각형

문제 1 1장의 색종이를 접어서 넓이가 $\frac{1}{5}$인 정사각형을 접어라.
[힌트 : 제5장의 문제 (2) 참조]

문제 2 크기가 같은 5장의 색종이를 접어서 1장의 큰 정사각형을 만들어라.

문제 3 1장의 색종이를 접어서 넓이가 $\frac{1}{3}$인 정사각형을 접어라.

[해답] 문제 1. 꼭지점과 맞은편 변의 중점을 잇는 선에서 접는다.
문제 2. 문제 1의 정반대로 한다.
문제 3. 아래 해답을 보라.

| 문제 1 |

제5장 문제 (2)를 힌트로 오른쪽 그림과 같이 점선에서 접으면 가운데 사선 부분은 넓이가 $\frac{1}{5}$인 정사각형이 된다.

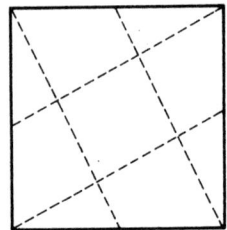

| 문제 2 |

5장의 색종이를 오른쪽 그림과 같이 십자로 놓는다. 바깥 4장의 색종이에 색종이의 한 변과 그 반을 직각을 사이에 둔 두 변으로 하는 직각삼각형을 잘라낸다. 이들을 점선 부분에 메우고 한 개의 큰 정사각형을 만들면 된다.

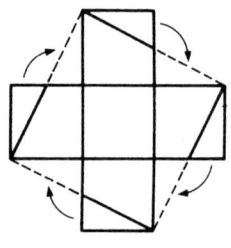

| 문제 3 |

색종이의 가운데에 접는 선 MN을 만들고 모서리 C가 그 접는 선에 오도록 BE에서 접으면

$$CE = \frac{1}{\sqrt{3}}$$

이 되므로 CE를 한 변으로 하는 정사각형을 만들면 된다.

제 7 장
시계 퍼즐
시계 이야기

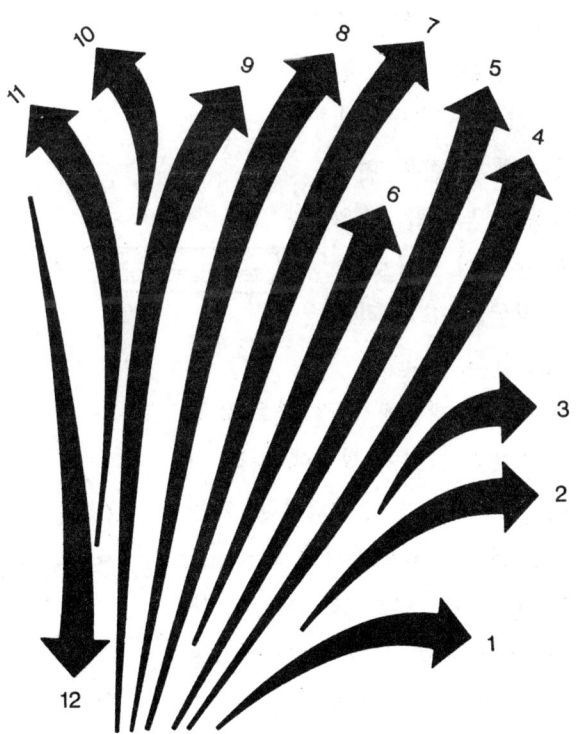

수학 퍼즐 랜드

시계 이야기

옛날 사람들은 자신의 그림자 길이를 보폭으로 재서 시간을 구하였다. 기원전 15세기경, 이집트에서 만들었다고 생각되는 L자형 해시계는 수직 부분이 수평부분 위에 드리우는 그림자의 길이로 시각을 재는 장치이다. '시계'의 어원이 된 중국의 '토규(土圭)'도 같은 이치로 된 장치이다. 기원전 수세기경, 중국에서는 동지 전후 며칠 동안, 태양이 남중할 때의 그림자 길이를 이 토규로 측정하여 동짓날과 그 시각을 구하였다고 한다.

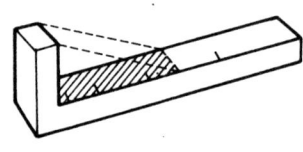

이집트의 해시계

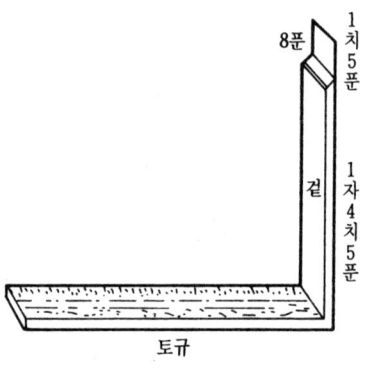

토규

그림자 길이는 계절에 따라 다르고 일정하지 않으므로 그림자 방향에 따라 시각을 구하는 해시계가 고안되었다. 기원전 3세기경 바빌로니아 출신의 페로소스가 고안한 반구형 모양의 해시계가 있다. 이것은 반구 모양의 사발 중앙에 작은 구가 매달려 있고, 구슬 그림자가 반구면

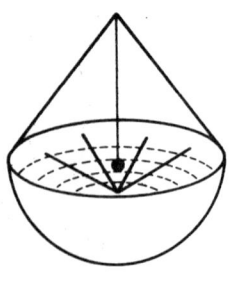

페로소스의 해시계

상에 비치고 그 위치에 따라 시각을 아는 장치이다. 현재 가장 잘 알려진 해시계는 8세기경, 스페인에 침입한 이슬람교도인 무어인 천문학자가 고안한 수평형 해시계(무어인의 해시계)이다. 이것은 수평 눈금판 위에 그 능선이 하늘의 북극을 향하게 삼각판이 세워져 있다. 이때의 삼각판의 각도 ϕ는 그 장소의 위도와 같다.

문제 1 북위 ϕ, 동경 a의 지점에서 어떤 시각의 수평 해시계의 그림자의 각(삼각판 AOB의 능선 AB의 그림자 AX와 AO가 이루는 각)을 쟀더니 θ가 되었다. 그때의 시각을 t시라고 하면

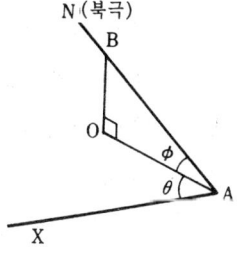

$$\tan\theta = \sin\phi\tan(15t + a - 135°)$$

의 관계가 성립한다. 단, 시각은 정오를 0이라고 하고 오전을 마이너스로 잰다.

AX상에 점 C를 잡고, ∠AOC=90°라고 하면
  ∠OAB=ϕ, ∠OAC=θ
C에서 AB에 내린 수선의 발을 D라고 하면 평면 AOB는 남북 방향을 가리키며 평면 ABC는 태양 방향을 가리킨다. 따라서 ∠ODC는 태양의 시각 T를 나타낸다. a=135°일 때를 생각하면 정오에 T는 0°이고 1시간 지나면 15°증가한다(24시간이면 360°증가하므로). 동경 a지점에서의 시각 t에서는
  $T = 15t + a - 135°$
가 된다.

△AOC에서

　　$OC = OA\tan\theta$ ……①

또 △AOC에서

　　$OD = OA\sin\phi$ ……②

또한 △COD에서

　　$OC = OD\tan T$ ……③

①, ②, ③에서

　　$OA\tan\theta = OA\sin\phi\tan T$

　　$\therefore \tan\theta = \sin\phi\tan T = \sin\phi\tan(15t + \alpha - 135°)$

예를 들면, 나가타(新潟) 근방($\phi = 38°$, $\alpha = 139°$)에서 어느 날 오후, 삼각판 그림자의 각 θ를 쟀더니 $\theta = 20°$였다고 한다. 일본 중앙 표준시에서는 몇 시인가?

　　$\tan 20° = \sin 38°\tan(15t + 139 - 135°)$

　　$\therefore 15t + 4 = 30.59097$, $t = 1.772731$

　　$t = 1$시 46분

(정확하게는 이과 연표에 게재되어 있는 균시차를 빼야 한다).

이집트나 바빌로니아에서도 해시계만으로는 흐린 날이나 밤에는 시간을 잴 수 없으므로 물시계 등도 병용하였다. 중국에서는 물시계인 누각이 해시계보다 더 많이 사용되었고, 일본에서도 660년 아직 황태자였던 덴치(天智) 천황이 처음으로 누각을 만들었다.

문제 2 고대 바빌로니아인들은 물시계를 사용하여 태양의 지름을 계산하는 각을 구하였다.

태양이 지평선에 얼굴을 내민 그 순간에 용기의 구멍을 열고, 지평선에서 태양이 떨어지려고 하는 순간까지 흘러나온 물의 양 w를 잰다. 이어 태양이 지평선을 떠난 순간부터 다음날 아침 다시 태양이 지평선을 떠나는 순간까지의 물의 양 W를 구한다. 바빌로니아인들은
$$w:W=1:720$$
인 것을 실측하였다.

태양을 사이에 두는 각의 크기와 태양이 태양의 지름만큼 운행하는 시간을 구하라.

황도(黃道) 일주(태양이 하루에 지나는 길)는 360°이므로 태양의 지름을 사이에 두는 각은 그 720분의 1인 0.5°이다.

태양은 360°를 24시간, 즉 1440분에 운행하므로 0.5°를 운행하는 데는 2분이 걸린다. 따라서 1분이라는 시간 단위는 태양이 스스로 반지름만큼 운행하는 시간이다.

물시계 이외에도 화승 시계, 촛불 시계, 램프 시계 등의 불시계도 사용되었다. 그러나 모래 시계의 발명은 훨씬 뒤인 8세기경이었다고 한다. 물론 유리제의 모래 시계의 발명은 14세기에 들어와서 이루어졌다.

문제 3 여기 5분의 모래 시계와 7분의 모래 시계가 있다. 이 두 개의 모래 시계를 사용하여 1분에서 4분까지 재어 보자.

5분계와 7분계를 동시에 개시한다. 5분계가 끝났을 때, 5분계를 즉시 역전시킨다. 그 시각에서 7분계가 끝날 때까지의 시간이 2분이다. 7분계가 끝나면, 동시에

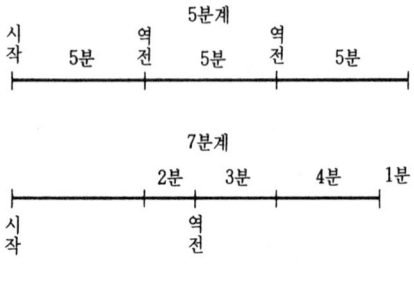

7분계도 역전시키는데, 그 시간에서 5분계가 두 번째에 끝날 때까지의 사이가 3분이다. 5분계가 두 번째 끝났을 때, 다시 5분계를 역전시킨다. 그 시각에서 7분계가 두 번째 끝날 때까지가 4분이다. 다시 그 시간에서 5분계가 세 번째 끝날 때까지 사이가 1분이다.

이들 1분에서 4분까지 모두 쟀다고 하면 다음은 5분계를 몇 번 사용하는 것만으로 임의의 시간을 (분단위로) 잴 수 있다.

세계 최초의 기계 시계는 14세기 이탈리아의 밀라노에서 설치되었다. 17세기 후반에는 네덜란드의 과학자 호이겐스가 흔들이 시계나 수염 용수철을 사용한 시계를 고안하였다. 현재는 용수철 대신에 수정의 고유 진동을 이용하는 쿼츠 시계의 시대에 들어와 있다.

제7장 시계 퍼즐

(1) ▌ 문자반의 분할

아라비아 숫자로 1에서 12까지 기입된 시계의 문자반이 있다.

이 문자반을 2개로 분할하여 각 부분의 수의 합이 1:2가 되게 하라. 어떻게 분할하면 되는가?

수학 퍼즐 랜드

[해답]

1에서 12까지의 합은 78. 이것을 1:2로 나누면 26과 52로 하는 것이 된다. 그러므로 연속된 k시간

a시, $a+1$시, ……, $a+k-1$시

의 합이 26이거나 52이므로 다음 식이 성립한다.

$k(2a+k-1)=52$ 또는 104

따라서 k는 104의 약수인데, k는 3 이상에서 10 이하이다(이웃하는 시간의 합이 26이 되는 일은 없으므로). 그러므로 $k=4, 8$이라고 알게 된다.

$k=4$일 때 $a=5$ (위의 그림)

$k=8$일 때 $a=3$ (아래 그림)

의 2개의 답을 얻는다.

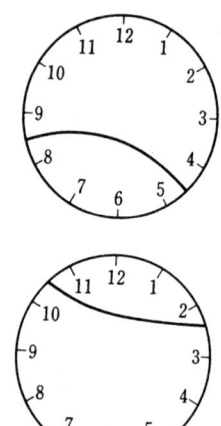

조금 엉터리 같지만 퍼즐로서는 성립하는 다음과 같은 해법이 있다. 아라비아 숫자로 표시되어 있으므로 2자리의 수 사이에서 분할한다. 그러면 다음 3개의 해를 얻는다.

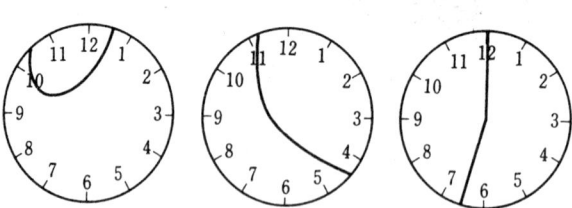

(2) 정확한 시각

 필자가 젊었을 때 이야기이다. 하숙할 때 손목 시계를 가지고 있지 않았고 라디오도, 물론 텔레비전 등도 없었다.

 하숙집에 있는 단 하나의 탁상 시계가 멎어 버렸으므로, 탁상 시계의 태엽을 감고 나서 바늘을 12시에 맞추고 친구집에 걸어서 갔다.

 친구집에 도착하였을 때에 정확한 시각이 오후 3시 10분인 것을 확인하고, 잠시 친구와 이야기를 나누었다. 친구집을 나올 때의 정확한 시각을 보니 오후 4시 55분이 되어 있었다. 다시 걸어서 돌아왔을 때, 탁상 시계는 오후 2시 45분을 가리키고 있었다.

 이것만으로 필자는 탁상 시계를 정확한 시각에 맞출 수 있었다. 몇 시에 맞추었을까?(물론 필자가 부재 중에 탁상 시계는 정확하게 시각을 가리킨다고 하자).

[해답] 오후 5시 25분

하숙집에서 친구집까지 걸어 x분 걸린다고 하자. 하숙집을 탁상 시계로 12시에 나와서 탁상 시계로 오후 2시 45분에 돌아왔으므로 165분 동안 외출하였다. 그런데 친구집에서 오후 3시 10분에서 오후 4시 55분까지 즉 105분간 있었으므로
$$x+105+x=165 \quad \therefore x=30$$
오후 4시 55분에 친구집을 나와서 30분 후에 하숙집으로 돌아왔으므로 돌아온 시각은 오후 5시 25분이다.

(3) 사용하는 소자, 사용하지 않는 소자

 필자가 가지고 있는 디지털 시계는 시·분만 표시된다. 단, 0시 0분(000)에서 9시 59분(959)까지는 가장 윗자리는 사용하지 않는다. 또, 오후 몇 시 몇 분이라는 표시는 없기 때문에 이를테면 오후 3시 3분은 1503으로 표시된다.

 각 숫자는 오른쪽 그림과 같은 a, b, c, d, e, f, g의 7소자(素子)의 발광 다이오드로 되어 있다. 필자가 가진 디지털 시계에서 각 숫자는 다음과 같이 표시되어 있다(특히, 6, 7, 9의 표시 방법에 주의한다).

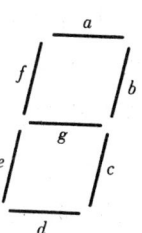

[문제] 가장 적게 사용되는 소자는 어느 소자인가? 또 가장 많이 사용되는 소자는 어떤 소자인가? 그리고 24시간 중 몇 시간 사용되는가?

 가장 윗자리를 1, 두 번째 자리를 2, 세 번째 자리를 3, 마지막 자리를 4로 나타내기로 한다. 두 번째 자리의 b소자면 '2b에서 사용 시간은 1200분'이라는 식으로 답한다.

[해답] 가장 적은 것은 1f로 0분
가장 많은 것은 4c로 1296분

1f는 전혀 사용되지 않는 소자이다. 실제의 디지털 시계에서 1f에 발광 다이오드가 사용되고 있는가? 필자의 시계를 보는 한 전적으로 쓸데없이 사용되고 있는 것 같다.

각 자리의 소자에서 가장 잘 사용되는 것은 c소자이다. 2 이외의 모든 숫자에서 사용된다. 2c는 2시, 12시, 22시 때만 사용되지 않으므로 사용 시간은 1260분이다.

그러나 4c는 더 잘 사용되며 각 1시간에 2분, 12분, 22분, 32분, 42분, 52분의 6분간 쉴 뿐이다. 따라서 사용 시간은 54×24=1296분이다.

(4) 가장 잘 사용되고 있는 시간

필자가 가지고 있는 디지털 시계는 6자리 표시에서 시, 분, 초가 표시된다. 시(時)가 1자리일 때 10자리의 0은 나오지 않지만 분이나 초에서는 10자리의 0을 사용하여 표시된다. 예를 들면, 1시 2분 3초는 10203으로 표시된다.

각 자리 7소자의 발광 다이오드가 사용되고 있으므로 전부 42소자의 발광 다이오드가 사용되고 있다.

문제 1 발광 다이오드가 가장 많이 사용되지 않는 시각은 11111, 즉 1시 11분 11초로 10소자밖에 사용되지 않는다. 그럼 가장 잘 사용되는 시각은 몇 시 몇 분 몇 초인가?

문제 2 발광 다이오드의 소모는 점멸이 심할수록 많다고 생각된다. 가장 점멸이 심한 소자는 어느 것인가?

6자리의 숫자를 위의 자리에 1, 2, 3, 4, 5, 6으로 하고 7소자를 a, b, c, d, e, f, g로 표시하자. 어느 소자가 24시간 중, 몇 번 점멸한다고 답하라.

수학 퍼즐 랜드

[해답] 문제 1. 20시 8분 8초로 37소자
　　　　문제 2. 6e로 69120번

문제 1

22시나 23시보다 20시가 소자를 더 잘 사용하고 있다. 분이나 초에 대해서도 28분, 38분, 58분 등보다도 08분이 소자를 잘 사용하고 있으므로 200808이 가장 소자를 잘 사용하고 있는 때이다. 42소자 중, 사용되지 않는 것은 5소자뿐이므로 37소자가 사용되고 있다.

문제 2

점멸이 많은 것은 초의 1자리의 소자인데 e소자는 10초간 8번이나 점멸한다. 따라서 1분에 48번, 1시간에 2880번이므로 000에서 다음날의 000이 켜질 때까지 69120번 점멸하고 있다.

(5) 10자리 표시

필자가 가지고 있는 디지털 시계는 10자리 표시로 월·일·시·분·초가 표시된다.

월 표시의 10자리만 0표시가 되지 않고 일, 시, 분, 초가 1자리일 때는 10자리가 0으로 표시된다. 예를 들면, 1월 2일 3시 4분 5초이면 102030405로 표시된다.

문제 1 이 10자리에 0에서 9까지의 10개의 숫자가 전부 사용되는 월·일·시·분·초는 있는가?

문제 2 월이 1자리일 때, 전체는 9자릿수로 표시되는데, 이때 0을 제외한 1에서 9까지의 숫자가 모두 나타나는 일이 있는가? 있다면 1년 동안 몇 초 있는가?

수학 퍼즐 랜드

[해답] 문제 1. 없다.
문제 2. 768초

문제 1

월은 10월이나 12월밖에 없고, 10월이면 일의 10자리는 2밖에 없는데 이때 0도 1도 2도 모두 사용되고 있으며 시의 10자리를 생각할 수 없다. 12월이면 일은 30일인데 이 때도 시의 10자리를 생각할 수 없다.

문제 2

초를 제외하면 생각되는 경우는 다음 5가지이다.

(1) n월 $10+d$일 23시 $40+m$분
(2) n월 $10+d$일 23시 $50+m$분
(3) n월 $20+d$일 $10+h$시 $30+m$분
(4) n월 $20+d$일 $10+h$시 $40+m$분
(5) n월 $20+d$일 $10+h$시 $50+m$분

(1)의 경우, 초는 $50+s$초로 n, d, m, s는 6, 7, 8, 9의 어느 것이므로 가능한 것은 $4!=24$가지 있다.

(2)의 경우도 마찬가지로 24가지이다.

(3)의 경우의 초는 $40+s$초이거나 $50+s$초의 어느쪽이고 처음 쪽의 n, d, h, m, s는 5, 6, 7, 8, 9의 어느 것이므로 $5!=120$가지 있다. 나중 쪽도 120가지 있으므로 (3)의 경우에서는 240가지가 있다.

(4)와 (5)의 케이스도 각각 240가지이다.

결국 1년간

$24 \times 2 + 240 \times 3 = 768(초)$

만큼 1에서 9까지의 숫자가 나타난다. 이것은 평년과 윤년 모두 같다.

제8장
스포츠의 퍼즐
야구의 승률

수학 퍼즐 랜드

(1) 럭비의 득점

럭비의 득점에는 다음 네 가지가 있다.

T   트라이 4점
G   트라이 후의 골 2점
PG   패설티 골 3점
DG   드롭 골 3점

[문제 1] 어느 팀의 득점은 11점이었는데, 상대팀에는 한 번의 반칙도 없었다. 이 팀의 득점 내역은 어떻게 되어 있는가?

[문제 2] 럭비에서 절대 불가능한 득점은 몇 점과 몇 점인가?

제8장 스포츠의 퍼즐

[해답] 문제 1. $T=2$, $G=0$, $PG=0$, $DG=1$
문제 2. 1점, 2점, 5점

문제 1

단독으로 2점 얻는 일은 없다. 트라이에 성공하여 4점, 트라이 후 골에 성공하면 다시 2점 추가되어 6점이 된다. 그 밖에 페널티 골이나 드롭 골로 3점이므로

4점, 6점, 3점

3종류의 득점 종류가 있는데, 6점은 3점의 2배이므로 합계점은 언제나

$4x+3y$ ($x≧0$, $y≧0$)

으로 나타낼 수 있다. 그래서

$4x+3y=11$에서 $4(x-2)=3(1-y)$

∴ $x-2=3n$, $1-y=4n$

으로 나타낼 수 있다. $x≧0$, $y≧0$이므로

$$\frac{1}{4}≧n≧-\frac{2}{3}$$

에서 $n=0$, $x=2$, $y=1$

결국, 2번 트라이에 성공하고 2번 모두 골을 실패, 페널티 골은 없으므로 드롭 골이 1번이다.

문제 2

정확하게 1점, 2점, 5점은 득점할 수 없다. 그래서 6점 이상이면 언제나 가능하다는 것을 보이겠다.

$4x+3y=3k+r$ ($k≧2≧r≧0$)

이라고 하면 언제나

$x=r$, $y=k-r$

은 하나의 해가 된다.

(2) 고시엔

헤이세이 3년 여름 고시엔(甲子園) 구장에서는 필자가 근무하는 대학의 부속 고교인 오사카 기리가게(大阪桐蔭) 고교가 우승하였다. 이 여름의 고시엔에 관계되는 문제를 생각해 보자.

여름 고시엔의 고교 야구에는 49개 학교가 출전하여 토너먼트식(승자 진출식)으로 진행되고 있다.

문제 1 무승부나 재시합이 없었다면 전부 몇 시합이 있는가?

문제 2 2회전 이후에 부전승 학교는 없다. 그러면 1회전은 몇 시합이 있는가? 또, 1회전을 싸우지 않는 부전승 학교는 몇 학교가 되는가?

문제 3 하루 시합은 4시합까지 하고 같은 팀이 1일 2시합하는 일이 없다고 한다. 비로 시합이 중지되거나 무승부, 재시합도 없었다고 하면 전 일정을 끝내는 데 최저 며칠이 걸리는가?

[해답]   문제 1.   48시합
       문제 2.   1회전 17시합, 부전승 학교는 15교
       문제 3.   14일

<u>문제 1</u>
이것은 잘 알려진 문제이다. 1시합에서 1학교씩 물러서는 것이므로 우승 고교 이외의 48교가 한 번 진다. 그러므로 진 학교수 48번만큼 시합이 있었다.

<u>문제 2</u>
1회전의 시합수를 x, 부전승 학교수를 y라고 하면 $2x+y$가 출전 학교수이므로
  $2x+y=49$
다음에 $x+y$가 2회전에 출전한 학교수이다. 이 경우에 32 ($=2^5$)이다.
  $x+y=32$
따라서 $x=17$, $y=15$

<u>문제 3</u>
결승전과 준결승전의 3시합은 2일에 걸쳐서 진행된다. 나머지 45시합을 매일 4시합씩 진행시키려고 하면 11일과 1시합이 남는다. 따라서 12일은 걸린다. 여기에 준결승전과 결승전의 2일을 더하여 최저 14일은 걸린다.

(3) 승점제

승점제라는 것은 승리에 2점, 패배에 0점, 무승부에 1점을 주는 제도이며, 합계점이 많은 팀이 우승한다는 판정 방법이다. 축구 리그라든가 아이스하키 리그 등에서는 이 승점제가 채택되고 있다.

프로 야구에서도 흔히 저금이라는 말을 사용한다. 저금이란 승수와 패배수와의 차(승패차)로 많이 졌을 때에는 마이너스가 된다. 이 저금의 다소에 의하여 순위를 결정하는 방법을 저금제라고 하기로 한다.

또 하나, 프로 야구에서 게임차라는 말을 사용한다. 게임차란 두 팀의 저금의 차의 반을 말한다. 게임차에 의하여 순위를 결정하는 방법을 게임차제라고 한다.

무승부 반승제란 무승부를 0.5승 0.5패라고 생각하여 승률을 계산하는 방법이다.

각 팀의 시합 총수가 같을 때에는 이 네 가지 제도에 차이가 있는가?

[해답] 어느 것이나 모두 같다.

A팀이 w_1승 l_1패 d_1무승부이고, B팀이 w_2승 l_2패 d_2무승부라고 하고 두 팀의 시합수 n이 같다고 하자.

$n = w_1 + l_1 + d_1 = w_2 + l_2 + d_2$

4개의 제도가 같다는 것은

$2w_1 - d_1 > 2w_2 - d_2$ ……………①

$\Leftrightarrow w_1 - l_1 > w_2 - l_2$ ……………②

$\Leftrightarrow \frac{1}{2}\{(w_1 - l_1) - (w_2 - l_2)\} > 0$ ……③

$\Leftrightarrow \dfrac{w_1 + \frac{1}{2}d_1}{n} > \dfrac{w_2 + \frac{1}{2}d_2}{n}$ …………④

라는 관계를 보이면 된다.

②와 ③의 동치성과 ①과 ④의 동치성이 분명하므로 ①과 ②의 동치성을 말한다.

$d_1 = n - w_1 - l_1,\ d_2 = n - w_2 - l_2$

를 ①에 대입하여 양변에서 n을 소거하면 ②가 얻어지므로 ①과 ②는 동치이다.

더 간단하게 하기 위해서는 승점제의 2, 0, 1의 득점에서 각각 1을 뺀 것, 즉 1, -1, 0이라고 생각한 것이 저금제이므로 ①과 ②가 동치인 것은 당연하다.

이 중에서 저금에 의하여 조사하는 것이 가장 알기 쉬운 방법이라고 생각된다.

(4) 세-리그와 퍼-리그

헤이세이 3년도(1991년도) 현재 일본 프로야구의 세-리그(센트럴 리그)와 퍼-리그(퍼시픽 리그)에서는 승률 계산에 미묘한 차이가 있다. 세-리그에서는 무승부 재시합제 때문에 무승부는 승률에 포함시키지 않고, 결국 무승부 이외의, 즉 승패가 난 130시합의 승률로 계산한다. 세-리그 어느 구단의 최종 성적이 w승 l패 d무승부였다면, $w+l=130$이므로 승률은 $\frac{w}{130}$로 계산된다. 따라서 승수가 많은 팀이 우승하게 되므로 승률 따위는 계산할 필요도 없이 승수만으로 간단히 판정할 수 있다.

이에 대하여 퍼-리그는 무승부 소화 시합제로서 무승부는 130시합 중에 포함시키고 0승 0패로 한다. 퍼-리그 어느 구단의 성적이 w승 l패 d무승부였을 때의 승률은 $\frac{w}{w+l}$로 계산한다. 따라서 페넌트 레이스 130시합을 소화한 시점에서 A구단이 B구단보다 승수가 k만큼 많은 데도 불구하고 B구단은 무승부 시합수가 많기 대문에 B구단이 우승하는 일이 있다.

A구단이 B구단보다 승수가 h만큼 많은데 무승부 시합수가 B구단이 k만큼 많기 때문에 A구단의 최종 승률 r보다 B구단의 승률이 웃도는 일이 있는 것은

$$h < rk$$

가 성립하고 있을 때이다.

이 이유를 생각해 보자.

[해답] 다음 증명을 보기 바란다.

퍼-리그의 A구단이 w_1승 l_1패 d_1무승부이고, B구단이 w_2승 l_2패 d_2무승부였다고 하고 두 구단 모두 130시합을 끝냈다고 하자.
$$130 = w_1 + l_1 + d_1 = w_2 + l_2 + d_2 \cdots\cdots\cdots ①$$
A구단이 B구단보다 승수가 h만큼 많기 때문에
$$w_1 = w_2 + h \cdots\cdots\cdots ②$$
가 성립하며 B구단이 A구단보다 무승부가 k만큼 많으므로
$$d_2 = d_1 + k \cdots\cdots\cdots ③$$
이다. 또 A구단의 승률이 r이고 B구단의 승률이 그것을 웃돌기 때문에
$$r = \frac{w_1}{w_1 + l_1} < \frac{w_2}{w_2 + l_2} \cdots\cdots\cdots ④$$
가 성립된다. ①, ②, ③을 이용하여 ④를 w_1, d_1, h, k만으로 표시하면
$$\frac{w_1}{130 - d_1} < \frac{w_1 - h}{130 - d_1 - k}$$
가 된다. 이것을 변형하면
$$h < w_1 - \frac{w_1(130 - d_1 - k)}{130 - d_1} = \frac{w_1 k}{130 - d_1} = rk$$

즉 rk의 정수 부분 $[rk]$만큼 승수가 적어도 우승할 수 있다. 예를 들면, A구단의 최종 승률이 0.625일 때, B구단의 무승부 수가 A구단보다 4시합이 많다고 하면 $[0.625 \times 4] = [2.5] = 2$ 승만큼 승수가 적어도 B구단이 우승한다.

(5) 매직 넘버

프로 야구에서 잘 사용되는 매직 넘버는 우승 매직수를 말하며, 그 이외에 상위 매직수가 있다.

A팀의 B팀에 대한 상위 매직수 m이란 나머지 전시합을 B팀이 이겼다고 해도 A팀이 최저이고 다음 m승만 하면 A팀의 승률이 상위가 되는 것을 나타내는 수치이다. 그러나 이 m이 A팀의 나머지 시합수보다 많다는 의미를 갖지는 않는다. 또한 B팀은 나머지를 전승한다는 것이므로 이 m이 B팀과의 대전 이외의 나머지 시합수 이하일 때, 매직이 점등한다. 매직 m은

헤이세이 3년도 세-리그 10월 1일 현재

	승패표				남은 시합						순위	매직수표					
	승	패	무	승률	A	B	C	D	E	F	계		A	B	C	D	E	F
A	67	48	2	.583		6	5	0	0	4	15							
B	67	54	1	.554	6		1	1	1	0	9							
C	63	61	2	.508	5	1		0	0	0	6							
D	64	64	0	.500	0	1	0		0	1	2							
E	58	66	1	.468	0	1	0	0		5	6							
F	47	73	0	.392	4	0	0	1	5		10							

제8장 스포츠의 퍼즐

점등하지 않지만 m이 나머지 시합수 이하일 때 가매직이라고 한다.

A팀의 우승 매직수란 모든 팀에 대하여 상위 매직수가 점등하고 있는 경우 그들 상위 매직수의 최대값을 말한다.

다음 표에 상위 매직수를 기입하여 상대 구단에 상위 매직이 점등하고 있을 때에는 ×로 표시한다. 또 가매직에는 ( )로 표시해 보자.

헤이세이 3년도 퍼-리그 10월 1일 현재

	승패표				남은 시합							순위	매직수표					
	승	패	무	승률	A′	B′	C′	D′	E′	F′	계		A′	B′	C′	D′	E′	F′
A′	75	41	6	.647		0	0	1	4	3	8							
B′	75	48	4	.610	0		0	2	0	1	3							
C′	62	63	3	.496	0	0		2	0	0	2							
D′	53	67	4	.442	1	2	2		0	1	6							
E′	52	66	3	.441	4	0	0	0		5	9							
F′	42	74	4	.362	3	1	0	1	5		10							

수학 퍼즐 랜드

[해답]

세-리그 매직표

	A	B	C	D	E	F	순위
A		⑩	3	0	0	0	
B	—		3	0	0	0	
C	×	×		4	2	0	
D	×	×	×		1	0	
E	×	×	×	×		0	
F	×	×	×	×	×		6

퍼-리그 매직표

	A′	B′	C′	D′	E′	F′	순위
A′		2	0	0	0	0	
B′	×		0	0	0	0	
C′	×	×		0	0	0	3
D′	×	×	×		—	0	
E′	×	×	×	8		1	
F′	×	×	×	×	×		

　　세-리그의 A에 우승 매직은 점등되어 있지 않다. 그러나 퍼-리그의 A′에는 우승 매직 2가 점등되어 있다. 실은 2일 후 10월 3일에 A의 우승이 확정되었다. 세-리그는 그 10일 후 10월 13일에 A의 우승이 확정되었다.

　　세-리그가 승수의 다소에 의하여 우승이 결정되기 때문에 우승팀의 판정이 간단한데, 동률이 될 가능성이 매우 높다. 그 때문에, 플레이오프로 가게 될 가능성이 매우 크다고 할 수 있다. 몇 년 전인가 퍼-리그가 무승부 반승제였기 때문에 동률이 될 가능성이 높고 확실히 플레이오프가 되는 일이 많았다. 현재 세-리그의 무승부 재시합제는 무승부 반승제 이상으로 동률이 될 가능성이 높다는 것에 주의해야 한다.

칼럼 수의 피라미드(5)

11	$=11\times$	1
121	$=11\times$	11
1221	$=11\times$	111
12221	$=11\times$	1111
122221	$=11\times$	11111
66	$=11\times$	6
616	$=11\times$	56
6116	$=11\times$	556
61116	$=11\times$	5556
611116	$=11\times$	55556
77	$=11\times$	7
737	$=11\times$	67
7337	$=11\times$	667
73337	$=11\times$	6667
733337	$=11\times$	66667
88	$=11\times$	8
858	$=11\times$	78
8558	$=11\times$	778
85558	$=11\times$	7778
855558	$=11\times$	77778
99	$=11\times$	9
979	$=11\times$	89
9779	$=11\times$	889
97779	$=11\times$	8889
977779	$=11\times$	88889

제9장
전탁의 퍼즐
함수키로 만들어지는 수

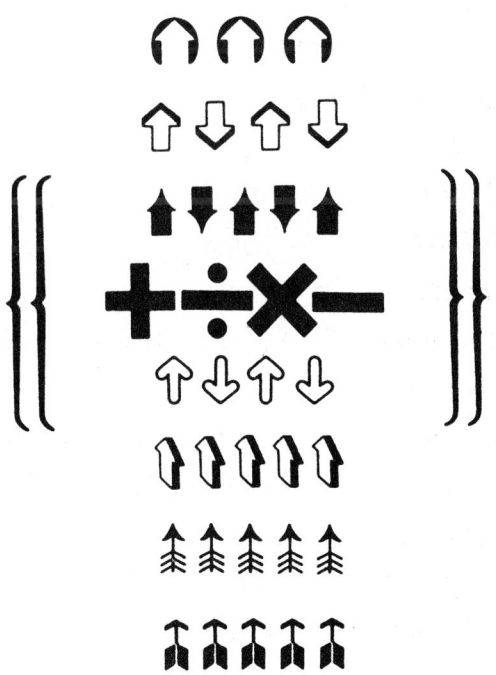

수학 퍼즐 랜드

함수키로 만들어지는 수

보통의 전탁(전자식 탁상 계산기)이 아니고 지수 함수나 삼각 함수 등의 연산 기능을 가진 함수 전탁을 준비한다. 함수 전탁에 따라서는 다음 설명과 표시 방법이나 키 조작에 차이가 있는 것이 있다. 또 실제로는 없어도 있다고 생각하여 사고 실험적으로 할 수 있다. 함수 전탁은 보통 전탁과 같이 0에서 9까지의 숫자와 가감승제 등의 사칙 연산키도 가지고 있는데 이들을 일체 사용하지 않고 함수키만을 사용하여 여러 가지 수를 만든다. 이 함수 전탁에는 다음 11종류의 1변수의 함수 기능만 있다고 한다.

$\text{inv}(x) = 1/x \quad (x \neq 0)$

$\text{sqrt}(x) = \sqrt{x} \quad (x \geq 0)$

$\text{sq}(x) = x^2$

$\log(x) = \log_{10} x \quad (x > 0)$

$\text{ex10}(x) = 10^x$

$\sin(x) = \sin x$

$\text{asin}(x) = \arcsin x \quad (|x| \leq 1, |\text{asin}(x)| \leq 90)$

$\cos(x) = \cos x$

$\text{acos}(x) = \arccos x \quad (|x| \leq 1, |\text{acos}(x) - 90| \leq 90)$

$\tan(x) = \tan x \quad (x \neq 180n + 90, n\text{은 정수})$

$\text{atan}(x) = \arctan x \quad (|\text{atan}(x)| < 90)$

단, 삼각 함수, 역삼각 함수의 각도 단위는 라디안이 아니고 도(degree)이다. 또 계산은 무한 정밀도라고 한다.

함수 전탁의 경우도 전원을 넣으면 0이 표시된다. 이 0에 대하여 앞 페이지의 함수를 몇 번 적용하여 여러 가지 값을 만들려고 한다. 예를 들면,

$\log(sq(ex10(\cos(0)))) = (\log_{10}10^2) = 2$

가 된다.

일반적으로

$f_m(f_{m-1}(\cdots\cdots f_2(f_1(x))\cdots\cdots)) = y \quad (m \geq 0)$

일 때, 함수명의 열

$f_1 f_2 \cdots\cdots f_{m-1} f_m$

을 'x에서 y를 만드는 순서', 특히 $x=0$일 때 'y를 만드는 순서'라고 부르며, m을 그 '스텝수'라고 부르기로 한다. 앞의 2를 만드는 순서는(키를 누르는 순번)

　cos　ex10　sq　log

로 나타낼 수 있으므로 스텝수는 4이다.

> 문제 1　1에서 20까지의 자연수를 될 수 있는 한 적은 스텝수로 만들어 보라.

0에서 1을 만드는 데는 cos과 ex10의 두 가지가 있는데, 앞으로는 cos만을 이용한다. 0에서 1스텝으로 만들어지는 수는 1만이 아니고 acos으로 90이 생긴다. 그럼 2스텝으로 만들어지는 새로운 수는 얼마만큼 있는가. 다음 페이지의 그림에 보인 것과 같이 11종류가 있는데, 그 중 정수는 10, 45, 90^2, 10^{90}뿐이다.

3스텝으로 만들어지는 새로운 수는 2스텝의 각 수에 대하여 최고 10가지 있다. 따라서 3스텝으로 110가지, 일반적인 m스

수학 퍼즐 랜드

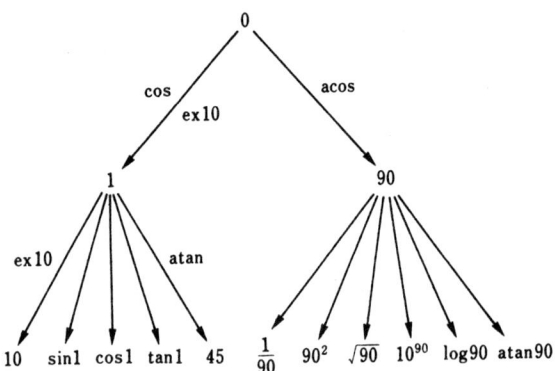

텝이면 $11 \times 10^{m-2}$가지나 조사해야 하기 때문에 이렇게 스텝수마다 만들어지는 수를 조사하는 방법은 단념해야 한다.

앞의 1에서 2를 만드는 방법을 x에서 $2x$를 만드는 데 사용할 수 있다. 이 방법을 반복하면 x에서 $2^n x$를 만들어낼 수 있다. 즉 x에 대해서

    ex10 sq^n log

라고 하며 $2^n x$가 만들어진다. 여기서 sq^{n}이란 sq를 n번 반복하는 것을 의미한다. 예를 들면 초기값 0은

    cos ex10 sq sq log

라고 하면 4가 만들어지며

    cos ex10 sq sq sq log

라 하면 8이 만들어진다.

이 sq 대신에 sqrt를 사용하면 x에서 $2^{-n} x$가 만들어진다. 즉

    ex10 sqrt^n log

로 한다.

또 하나 중요한 것으로는 'x에서 $x+1$이 만들어진다'는 방법이 있다.

먼저 x에서 $\sqrt{x}$를 만들고, 이어 atan $\sqrt{x}$에 의하여 오른쪽 그림의 θ를 구한다. 그러면 $\cos\theta = \dfrac{1}{\sqrt{x+1}}$을 얻는다. 그 다음은 역수(inv)를 취하고 제곱(sq)하면 $x+1$이 얻어진다. 즉 x에 대하여

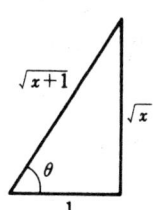

    sqrt atan cos inv sq

라고 하면 $x+1$이 얻어진다. 일반적으로 x에 대하여

    sqrt atan cos (atan sin)$^{n-1}$ inv sq

라고 하면 $x+n$이 얻어진다. 또

    sqrt inv (asin tan)$^{n-1}$ acos tan sq

에 의하여 x에서 $x-n$이 얻어진다.

$f(x)$	순 서	조 건
$-x$	ex 10 inv log	
$x+n$	sqrt atan cos (atan sin)$^{n-1}$ inv sq	$x \geq 0$
$x-n$	sqrt inv (asin tan)$^{n-1}$ acos tan sq	$x \geq n$
$2^n x$	ex10 sq^n log	
$2^{-n} x$	ex10 sqrt^n log	
$10^n x$	log sqrt atan cos (atan sin)$^{n-1}$ inv sq ex10	$x \geq 1$
$10^{-n} x$	log sqrt inv (asin tan)$^{n-1}$ acos tan sq ex10	$x \geq 10^n$
$90-x$	sin acos	$-90 \leq x \leq 90$
$90-x$	cos asin	$0 \leq x \leq 180$

자세한 설명은 생략하지만, x에서 $f(x)$를 만드는 순서를 보인다(앞 페이지의 표).

이상에서 $x+n$을 사용하면 모든 자연수가 만들어지며, $-x$를 사용하면 모든 정수가 만들어진다. 그러나 이 일반적인 순서로 만들어진 것이 스텝수가 최소라고는 할 수 없다. 그래서 여러 가지 고안이 필요하다(1에서 20까지의 순서를 보였다).

n	스텝수	순서
0	0	
1	1	cos
2	4	cos ex10 sq log
3	6	cos ex10 sqrt inv acos tan
4	5	cos ex10 sq log sq
5	5	cos ex10 ex10 sqrt log
6	9	cos ex10 sqrt inv acos tan ex10 sq log
7	9	cos atan cos ex10 sqrt log acos tan sq
8	6	cos ex10 sq sq sq log
9	7	cos ex10 sqrt inv acos tan sq
10	2	cos ex10
11	7	cos ex10 sqrt atan cos inv sq
12	9	cos ex10 sqrt atan cos atan sin inv sq
13	9	cos ex10 ex10 sin acos sqrt inv acos tan
14	10	cos ex10 sqrt log sq asin tan acos tan sq
15	8	cos ex10 sqrt log sq acos tan sq
16	6	cos ex10 sq log sq sq
17	9	cos ex10 sq log sq atan cos inv sq
18	10	cos ex10 sqrt inv acos tan sq ex10 sq log
19	8	acos sqrt ex10 sq log atan cos inv
20	5	cos ex10 ex10 sq log

(같은 스텝수에 의한 다른 해도 있다)

제9장 성냥개비의 퍼즐

이들 중, 앞의 일반적인 절차에 의하지 않는 것은 7과 13, 19, 3개이다.

7에 대해서는 2스텝으로 45가 만들어졌으므로 이것에 cos를 사용하여 $\frac{1}{\sqrt{2}}$이 된다. 다음에는 일반적 방법으로 $\frac{1}{2} \times \frac{1}{\sqrt{2}} = \frac{1}{\sqrt{8}}$을 구하고 여기에서 $\sqrt{7}$을 구하는 방법을 사용하면 된다.

13은 $\sin(10^{10})° = \cos 170°$인 것을 이용하여 170을 구하고 $\sqrt{170-1} = 13$으로 한다.

19는 2스텝으로 $\sqrt{90}$이 얻어지므로 $2 \times \sqrt{90} = \sqrt{360}$로 하고 $\sqrt{360+1} = 19$를 구한다.

여기서는 다루지 않았으나 임의의 유리수를 만들 수도 있다.

수학 퍼즐 랜드

칼럼　　　　　　　수의 피라미드(6)

$6^2 - 5^2$	=	11
$56^2 - 45^2$	=	1111
$556^2 - 445^2$	=	111111
$5556^2 - 4445^2$	=	11111111
$55556^2 - 44445^2$	=	1111111111
$7^2 - 4^2$	=	33
$67^2 - 34^2$	=	3333
$667^2 - 334^2$	=	333333
$6667^2 - 3334^2$	=	33333333
$66667^2 - 33334^2$	=	3333333333
$8^2 - 3^2$	=	55
$78^2 - 23^2$	=	5555
$778^2 - 223^2$	=	555555
$7778^2 - 2223^2$	=	55555555
$77778^2 - 22223^2$	=	5555555555
$9^2 - 2^2$	=	77
$89^2 - 12^2$	=	7777
$889^2 - 112^2$	=	777777
$8889^2 - 1112^2$	=	77777777
$88889^2 - 11112^2$	=	7777777777

(1) 전탁 숫자로 영어 단어를

전탁에서 표시되는 숫자는 다음과 같이 되어 있다.

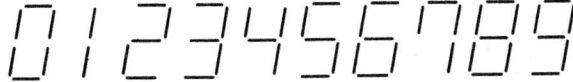

이들 숫자도 보는 방식에 따라서는 영문자로 읽을 수 있다.

0은 O 또는 D. 2는 Z, 3은 거꾸로 보아 E, 4는 소문자 y, 거꾸로 보면 h, 5는 s, 6은 대문자 G로, 거꾸로 보면 소문자 g, 7은 거꾸로 보면 L이고 거울 문자로 J, 8은 대문자 B, 9는 6과 같이 소문자 g로, 거꾸로는 대문자 G이다.

그럼 문제이다.

냄비에 5500g의 물이 들어 있다. 냄비에 소금을 넣어서 12%의 식염수를 만들었다. 그 식염수에 858g의 설탕을 넣고 잘 섞고 나서 강한 불에 얹었다. 잠시 후에 어떻게 되는가?

수학 퍼즐 랜드

[해답]   BOIL(끓는다)

5500g의 물에 xg의 소금을 넣어 12%의 식염수를 만들었으므로

$0.12(5500+x)=x$

$x=750(g)$

따라서, 식염수는 6250g이고 이것에 설탕 858g을 넣었으므로 합쳐서 7108g의 혼합액이 생긴다.

이것을 거꾸로 보면 BOIL이 되므로 끓는다는 것을 알게 된다(이것을 전탁으로 계산하면서 앞에 있는 사람에게 그 답을 읽게 한다).

제9장 성냥개비의 퍼즐

(2) 빙그르 돌기

전탁에서 숫자 표시는 0을 제외하면 어느 전탁이나 위가 789, 가운데가 456, 아래가 123이다.

```
789
456
123
```

문제 1 가운데 숫자를 제외한 주위의 8개 숫자 중 어떤 것부터 시작해도 되므로 우회전이거나 좌회전으로 3자리씩의 숫자를 말잇기놀이식으로 더해간다. 4번 더하면 끝자리는 처음 숫자에 되돌아오므로 그것으로 그친다. 답은 얼마가 되는가?

문제 2 이번에는 말잇기놀이식이 아니라, 가운데 숫자 5를 제외한 주위의 8개 숫자의 어떤 것부터 시작해도 되므로 우회전이거나 좌회전으로 2자리씩 숫자를 더해간다. 4번 더하면 일주하는데 그것으로 끝낸다. 그 때의 답은 얼마인가?

수학 퍼즐 랜드

[해답] 문제 1. 2220
문제 2. 220

문제 1

5에 대하여 점대칭에 있는 위치를 토이먼이라고 하면 토이먼의 2수의 합은 언제나 10이 되어 있다.

처음의 a백 b십 c와 3자릿수를 읽으면 세 번째수 p백 q십 r의 p, q, r은 각각 a, b, c의 토이먼의 수이므로

$(100a+10b+c)+(100p+10q+r)=1110$

마찬가지로 두 번째 3자릿수와 네 번째 3자릿수의 합도 1110이다. 그러므로 언제나

$1110+1110=2220$

이 된다.

5를 포함하여 8자, ∞자에 대해서도 같다.

문제 2

이것도 문제 1과 같고 처음의 2자리와 세 번재의 2자릿수의 합은 110이고, 두 번째와 네 번째의 합도 110이므로 전체는 220이 된다.

(3) 전탁의 불가사의한 수

전탁을 잘 보면서 계산해 본다.
신기하게도
$1+6+8=2+4+9$
$1^2+6^2+8^2=2^2+4^2+9^2$
이 성립하고 있다.

각 행 또는 각 열에 대하여 1, 6, 8이나 2, 4, 9를 제외한 나머지 수에 대해서도 합과 제곱합에 대해서 등식이 성립하며, 더욱 놀라운 일은 곱의 합이나 합의 제곱, 차의 제곱에 대해서도 등식이 성립되고 있다.

나머지 가로의 수에 대하여
$2+3+4+5+7+9=1+3+5+6+7+8$
$2^2+3^2+4^2+5^2+7^2+9^2=1^2+3^2+5^2+6^2+7^2+9^2$
$2\times3+4\times5+7\times9=1\times3+5\times6+7\times8$
$(2+3)^2+(4+5)^2+(7+9)^2=(1+3)^2+(5+6)^2+(7+8)^2$
$(2-3)^2+(4-5)^2+(7-9)^2=(1-3)^2+(5-6)^2+(7-8)^2$

나머지 세로의 수에 대하여
$4+7+2+5+3+9=1+7+5+8+3+6$
$4^2+7^2+2^2+5^2+3^2+9^2=1^2+7^2+5^2+8^2+3^2+6^2$
$4\times7+2\times5+3\times9=1\times7+5\times8+3\times6$
$(4+7)^2+(2+5)^2+(3+9)^2=(1+7)^2+(5+8)^2+(3+6)^2$
$(4-7)^2+(2-5)^2+(3-9)^2=(1-7)^2+(5-8)^2+(3-6)^2$

이렇게 신기한 성질을 가지고 있는 수의 짝을 1, 6, 8과 2, 4, 9와 같은 전탁 숫자상에서 찾아라.

수학 퍼즐 랜드

[해답] 2, 6, 7과 3, 4, 8(쐐기형 3숫자).

$2+6+7=3+4+8$

$2^2+6^2+7^2=3^2+4^2+8^2$

$2\times 6+6\times 7+7\times 2=3\times 4+4\times 8+8\times 3$

$(2+6)^2+(6+7)^2+(7+2)^2=(3+4)^2+(4+8)^2+(8+3)^2$

$(2-6)^2+(6-7)^2+(7-2)^2=(3-4)^2+(4-8)^2+(8-3)^2$

나머지 가로의 수에 대하여

$1+3+4+5+8+9=1+2+5+6+7+9$

$1^2+3^2+4^2+5^2+8^2+9^2=1^2+2^2+5^2+6^2+7^2+9^2$

$1\times 3+4\times 5+8\times 9=1\times 2+5\times 6+7\times 9$

$(1+3)^2+(4+5)^2+(8+9)^2=(1+2)^2+(5+6)^2+(7+9)^2$

$(1-3)^2+(4-5)^2+(8-9)^2=(1-2)^2+(5-6)^2+(7-9)^2$

나머지 세로의 수에 대하여

$1+4+5+8+3+9=1+7+2+5+6+9$

$1^2+4^2+5^2+8^2+3^2+9^2=1^2+7^2+2^2+5^2+6^2+9^2$

$1\times 4+5\times 8+3\times 9=1\times 7+2\times 5+6\times 9$

$(1+4)^2+(5+8)^2+(3+9)^2=(1+7)^2+(2+5)^2+(6+9)^2$

$(1-4)^2+(5-8)^2+(3-9)^2=(1-7)^2+(2-5)^2+(6-9)^2$

(4) 세로가 없어진 전탁

전탁이 고장났기 때문에 세로막대가 모두 켜지지 않게 되었다(가로막대는 틀림없이 정확하게 켜진다). 그러면 0(⸗), 4(−), 7(¯)은 정확하게 구별이 되지만, 2, 3, 5, 6, 8, 9는 모두 ≡으로 표시되어 구별되지 않는다. 또 가장 윗자리의 1이 켜져있는지, 꺼져있는지 구별도 되지 않는다.

문제 1 전탁에서 아래 왼쪽 그림가 같이 표시되는 수를 제곱하였더니 아래 오른쪽 그림과 같이 표시가 바뀌었다. 어떤 수를 제곱하였는가?

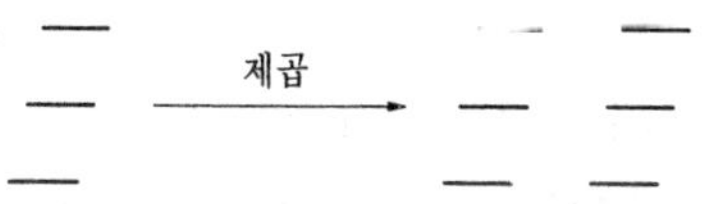

문제 2 이번에는 2자리분이 아래 왼쪽 그림과 같이 표시되어 있는 수를 제곱하였더니 역시 아래 오른쪽 그림과 같이 바뀌었다. 어떤 수를 제곱하였는가?

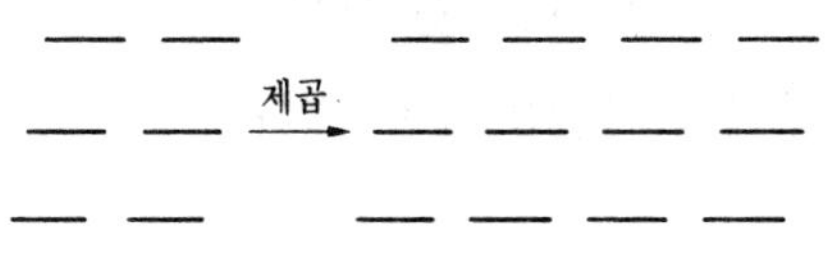

[해답] 문제 1. 5, 6, 13.
문제 2. 63, 83, 125, 135.

문제 1

1자리이면 2, 3, 5, 6, 8, 9인데, 제곱하였을 때 1의 자리도 이에 포함되는 것은 3, 5, 6만이다. 실제로 계산하여 확인하면 5와 6만이 조건에 들어맞는다.

2자리에서 10자리가 1때문에 보이지 않을지도 모른다. 이 중 조건에 알맞는 것은 13뿐이다.

3자리 이상에서 들어맞는 것은 없다.

문제 2

1자리는 3, 5, 6의 어느 것이다. 2자릿수로 제곱하였을 때 2000 이상이 되는 10자리는 5, 6, 8, 9이다. 이들 12개 중 조건에 알맞는 것은 63과 83뿐이다.

100자리가 1때문에 없어졌을 때, 제곱했을 때의 10000자리도 1이 되는 것은 123, 125, 126, 133, 135, 136이다. 이 중 조건에 들어맞는 것은 125와 135이다.

4자리 이상에서 들어맞는 것은 없다.

(5) 전탁 벌레먹기 셈

전탁이 고장났기 때문에 가로막대만 모두 켜지지 않게 되었다. 2(ˌ'), 5('ˌ), 6(|ˌ)은 가로막대가 켜지지 않아도 정확하게 읽을 수 있지만, 0과 8의 구별, 1과 3의 구별, 또한 4, 7, 9의 구별 등은 되지 않는다.

문제 1   99의 계산을 전탁으로 해보았다.

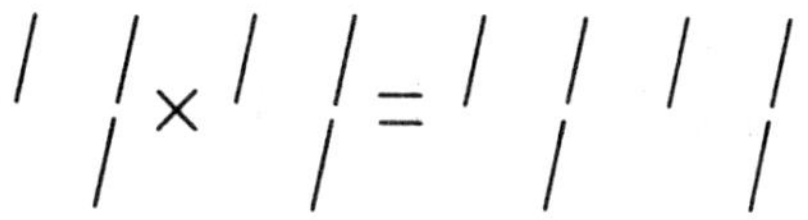

$$|\ | \times |\ | = |\ |\ |\ |$$

이 올바른 계산은 무엇인가?

문제 2   전탁에서 아래 왼쪽 그림과 같이 표시되어 있는 수를 제곱하였더니 아래 오른쪽 그림과 같이 되었다. 어떤 수를 제곱하였는가?

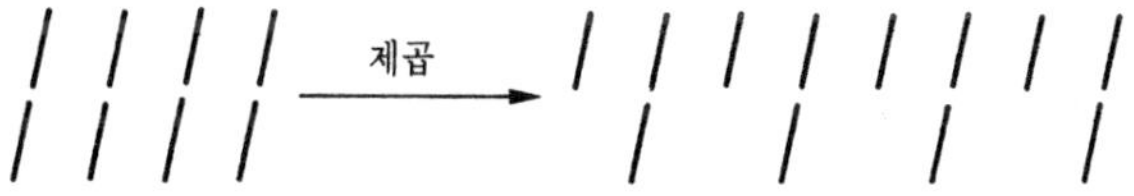

$$|\ |\ |\ | \xrightarrow{\text{제곱}} |\ |\ |\ |\ |\ |\ |\ |$$

문제 3   다음 곱셈은 어떤 두 수를 곱한 것인가?

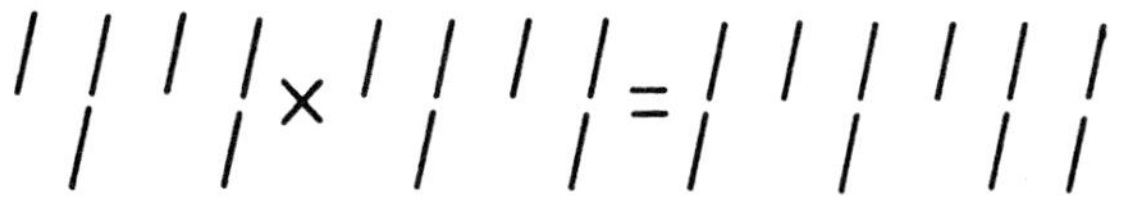

$$|\ |\ |\ | \times |\ |\ |\ | = |\ |\ |\ |\ |\ |\ |$$

[해답] 문제 1. $7 \times 7 = 49$
　　　　문제 2. 88
　　　　문제 3. $49 \times 77 = 77 \times 49 = 3773$

문제 1

4, 7, 9를 서로 곱했을 때, 1의 자리도 이 3수 중 하나가 되는 것은 7×7뿐이다.

문제 2

80이나 88뿐인데, 88^2은 확실히 7744가 된다.

문제 3

4, 7, 9를 서로 곱했을 때, 1의 자리가 1과 3이 되는 것은 7×9와 9×9뿐이다. 10자리를 4, 7, 9로서 조건에 들어맞는 것을 조사하면 49와 77를 곱했을 때뿐이다.

제 10 장
생활의 퍼즐
소비세 문제

수학 퍼즐 랜드

소비세 문제

일본에서 소비세가 실시된 지 그럭저럭 2년이 된다. 그토록 비난의 대상이었던 소비세도 모두가 익숙해졌기 때문인지 체념해 버렸기 때문인지 그다지 화제가 되지 않게 되었다. 그러나 슈퍼마켓 등에서 물건을 살 때 역시 1엔(円)짜리 거스름돈은 당혹해진다. '1엔에 웃는 자는 1엔에 운다'라고도 하지만 가급적 1엔짜리 거스름이 생기지 않게 쇼핑하고 싶다. 그래서

'1엔짜리 거스름이 없도록 세금을 뺀 값을 얼마가 되는가?'

를 생각해 보기로 하자. 그럼 먼저

'a백 b엔의 소비세는 얼마가 되는가?'를 알아본다(단, b는 2자리의 자연수이다).

a백 b엔의 3%, 즉

$$0.03(100a+b) = 3a + 0.03b$$

가 소비세인데, 엔 미만은 사사오입하게 되므로, 이 식을 그대로 소비세를 구하는 식이라고 생각할 수는 없다. $3a$는 자연수이므로 괜찮은데, $0.03b$는 소수점 첫자리를 사사오입해야 하기 때문이다. 이 사사오입한 값을 t라고 하면

$$t = [0.03b + 0.5]$$

라고 표시할 수 있다. 여기서 이 [ ]는 가우스 기호로서 $[x]$는 x를 넘지 않는 최대의 정수를 나타낸다. 즉 임의의 실수 x에 대하여

$$x - 1 < [x] \leq x$$

를 만족하는 정수가 $[x]$이다.

제10장 생활의 퍼즐

> **정리 1**
> a백 b엔의 소비세는 $3a+t$엔
> a백 b엔의 세금 포함값은 $103a+b+t$엔
> 단, $t=[0.03b+0.5]$
> $0 \leq b \leq 16$일 때 $t=0$
> $17 \leq b \leq 49$일 때 $t=1$
> $50 \leq b \leq 83$일 때 $t=2$
> $84 \leq b \leq 99$일 때 $t=3$

가우스 기호를 사용한 식은 컴퓨터에 시킬 때는 편리하지만, 사람이 암산으로 계산하는 데는 불편하다. 그래서 정리 1의 끝에 적은 것과 같이 b의 범위에 대응하여 t값을 기억해 두는 것도 좋다.

예를 들어 설명한다. 1234엔의 소비세는 얼마인가?

   $a=12$, $b=34$이므로 $t=1$이다.

따라서 소비세는 $3a+t=37$(엔)이며 세금이 포함된 값은 $1234+37=1271$(엔)이 된다.

소비세의 간단한 계산법을 알았으므로, 드디어 1엔짜리 거스름이 없는 세금을 뺀 값을 구하는 법을 알아보기로 한다. 아래 2자리의 값 b엔을 알고 있을 때, 세금이 포함된 값이 10의 배수가 되는 데는 100자리의 수치 a가 얼마면 되는가? 즉

   $103a+b+t=10x$

가 되게 하려면 a를 얼마로 하면 되는가 하는 일이다. 이 식의 양변을 3배하고 a를 더하면

   $310a+3(b+t)=30x+a$

가 되므로

$$3(b+t) = 10(3x - 31a) + a$$

이다. 이 식을 보면 a(의 1자리의 숫자)는 $3(b+t)$의 1자리 숫자인 것을 알게 된다.

정리 2

세금을 뺀 값의 끝 2자리가 b엔일 때, $3(b+t)$의 1자리를 a(의 1자리)라고 하면, a백 b엔의 세금 포함값은 10의 배수가 된다.

a(의 1자리)가 이 이외의 숫자라고 하면 세금을 포함한 값은 10의 배수가 되지 않는다.

예를 들어 설명한다. 세금을 뺀 값의 끝 2자리가 56엔이라고 하자. $b=56$이므로 $t=2$이다. 따라서

$$3(b+t) = 3 \times 58 = 174$$

이므로 $a=4$가 된다(실제로는 a값을 구하는 데는 b의 1자리 6에 $t=2$를 더하여 8로 하고 그것을 3배한 24의 1자리의 4를 a라고 하면 된다). 그러면 a백 b엔, 즉 456엔의 세금 포함값은 470엔이 되어 틀림없이 10의 배수이다. a의 1자리가 4면 되므로, 예를 들면 3456엔 등의 세금 포함값은 3560엔이므로, 이 경우도 10의 배수가 된다.

그런데 1엔자리 거스름은 마음에 들지 않지만 5엔짜리는 괜찮다는 사람도 있을 것이다.

정리 3

세금을 뺀 값의 끝 2자리가 b엔일 때, $3(b+t)+5$의 1자

리를 a라고 하면, a백 b엔의 세금을 포함한 값의 끝 1자리는 5가 된다.

a가 이 이외일 때는 세금 포함값의 끝 1자리는 5가 되지 않는다.

이것은
$$103a+b+t=10x+5$$
가 되는 a를 구하는 문제이다. 이 식을 변형하면
$$3(b+t)+5=10(3x-31a+2)+a$$
가 되므로, $3(b+t)+5$의 끝 1자리 숫자를 a라고 하면 된다.

예를 들면, $b=89$일 때 $t=3$이므로 $3(b+t)+5=281$이다. 따라서 $a=1$이 된다. 189, 1189, 2189 등의 세금 포함은 195, 1225, 2255가 되어 틀림없이 끝자리는 5이다.

설명은 생략하기로 하고 다음 두 정리를 들겠다.

정리 4

세금을 뺀 값의 끝 2자리가 b엔일 때, $33(b+t)$의 끝 2자리를 a라고 하면 a백 b엔의 세금 포함값은 100의 배수가 된다.

a가 이 이외일 때는 세금 포함값은 100의 배수가 되지 않는다.

예만 들겠다. $b=86$일 때, $t=3$이므로
$$33(b+t)=33\times 89=2937$$
이 되어 $a=37$이다. 3786, 13786, 23786 등의 세금 포함은 3900, 4200, 24500 등이 되어 틀림없이 100의 배수이다.

실제 문제로서 2자릿수의 33배를 암산으로 하는 것은 큰 일이므로 간단한 계산법을 적어둔다. 89를 33배할 때에는, 먼저 89를 3배하여 끝 2자리를 구한다. 이 예에서는 67이다. 다음에 6과 7을 더한 답의 1자리 3과 67의 7로 만든 2자릿수 37이 89를 33배하였을 때의 끝 2자리이다.

$$\begin{array}{r} 89 \times 3 \cdots\cdots 67 \\ 89 \times 30 \cdots\cdots 670 \\ \hline 89 \times 33 \cdots\cdots 37 \end{array}$$

정리 5

세금을 뺀 값의 끝 2자리가 b엔일 때, $33(b+t)+50$의 끝 2자리를 a라고 하면 a백 b엔의 세금 포함값의 끝 2자리는 50엔이 된다.

이 이외의 a에 대해서는 세금 포함값의 끝 2자리는 50이 되지 않는다.

이번에는 세금 포함값에서 세금을 뺀 원래의 판매값을 구해보자. 세금 포함으로 $1000n$엔이 될 때, 원래의 세금을 뺀 값을 x엔이라고 하면

$$[1.03x+0.5]=1000n$$

이라는 식이 성립한다. 따라서

$$1.03x-0.5<1000n\leq 1.03x+0.5$$

$$\frac{1000n-0.5}{1.03}\leq x<\frac{1000n+0.5}{1.03}\cdots\cdots\text{㊟}$$

이다. 그러나 이러한 정수 x가 언제나 있다고는 할 수 없다. 예를 들면, $x=4$일 때, ㊟는

$$3883.009\cdots\leq x<3883.98\cdots$$

이므로, 이러한 정수 x는 존재하지 않는다. 그러나 이러한 일은 극히 드물다. n이 1에서 9까지에 대하여 조사하여 보면 $n=4$일 때에 3883엔의 세금 포함은 3999엔이고, 3884엔의 세금 포함은 4001엔이 되기 때문이다.

n	세금 포함	세금 제외
1	1000	971
2	2000	1942
3	3000	2913
4	4000	–
5	5000	4854
6	6000	5825
7	7000	6796
8	8000	7767
9	9000	8738

이런 일이 일어나는 것은 t가 1이 커진 곳이므로 $b=16, 49, 83$일 때이며
$$103a+b+t=1000n-1$$
이 될 때이다.
$$103a+16=1000n-1 \cdots\cdots ①$$
$$103a+50=1000n-1 \cdots\cdots ②$$
$$103a+85=1000n-1 \cdots\cdots ③$$

①을 변형하면
$$103(a-961)=1000(n-99)$$
가 되므로 임의의 정수 k에 대하여
$$\begin{cases} a=1000k+961 \\ n=103k+99 \end{cases}$$
가 답이 된다.

세금 포함으로 99000엔, 202000엔, 305000엔, ······이 되는 일은 없다.

마찬가지로 ②를 풀면 임의의 정수 k에 대하여

수학 퍼즐 랜드

$$\begin{cases} a = 1000k + 883 \\ n = 103k + 91 \end{cases}$$

이 답이 된다.

세금 포함으로 91000엔, 194000엔, …… 등은 불가능하다.

마찬가지로 ③에서 임의의 정수 k에 대하여

$$\begin{cases} a = 1000k + 38 \\ n = 103k + 4 \end{cases}$$

가 답이 된다.

세금 포함으로 4000엔, 107000엔, 210000엔 등은 불가능하다.

결국 세금 포함으로 4000엔, 91000엔, 99000엔에 103000엔을 몇 번 더한 금액만이 세금 포함으로 1000엔의 배수가 되지 않는 금액이다.

(1) 우편 요금

현재 일본의 우편 요금은 소비세 포함으로 오른쪽 표와 같이 되어 있다.

무게	규격	규격 외
~25g	62엔	120엔
~50	72	
~100		175
~250		250
~500		360
~1000		670
~2000		930
~3000		1130
~4000		1340

예를 들면, 60g의 우편물을 하나로 묶어 내면 175엔이 되는데 20g과 40g의 2개의 정형 우편물로 내면 134엔이면 된다.

이렇게 몇 개의 봉투로 작게 나눠서 내는 쪽이 득이 되는 것은 어느 때인가? 중량에 따라 가장 싸게 보낼 수 있는 방법을 생각하라.

봉투의 비용이나 수신인 쓰기가 성가시다는 것은 생각하지 않기로 한다.

[해답] 중량에 따라 가장 싼 요금표를 보인다.

무게(g)	25	50	75	100	125	150	250	
요금(엔)	62	72	134	144	206	216	250	

무게(g)	275	300	500	525	550	575	600	
요금(엔)	312	322	360	422	432	494	504	

무게(g)	625	650	750	1000	1025	1050	1075	
요금(엔)	566	576	610	670	732	742	804	

무게(g)	1100	1125	1150	1250	2000	2025	2050	2075
요금(엔)	814	876	886	920	930	992	1002	1074

무게(g)	2100	3000	3025	3050	3075	3100	3125	4000
요금(엔)	1084	1130	1192	1202	1264	1274	1336	1340

여기서는 보통 우편물의 경우만을 생각하였는데 500g을 넘으면 보통 소포로 보내는 쪽이 득이 되는 일도 있다.

(2) 손해 배상

피해자가 교통사고로 사망한 경우, 장례비, 치료비, 위자료 외에 일실 이익이라는 것이 있다. 일실 이익이란 피해자가 만일 살아 있다고 하면 일하여 얻을 수 있다고 생각되는 수입을 말한다.

연수입 800만 엔의 47세의 봉급자가 교통사고로 사망하였을 때, 일실 이익으로 배상받는 금액은 얼마가 되는가?

연수입의 30%를 생활비로 공제한 나머지 560만 엔이 매년 배상액 A이다. 보통 67세까지 일할 수 있다고 하므로, 20년으로 하여 $20 \times 560 = 11200$만 엔이라고 생각하기 쉬운데, 그렇게는 안된다. 미리 일시금으로 받게 되므로 i년 후의 수령액이 A가 되도록 이자 계산을 해야 한다.

5분의 단리인 경우 $\dfrac{A}{1+0.05i}$

5분의 복리인 경우 $\dfrac{A}{(1+0.05)^i}$

로 계산한다.

단리일 때를 호프만 방식, 복리일 때를 라이프니츠 방식이라고 한다. 각각의 방식으로 앞의 47세의 봉급자의 일실 이익의 배상액을 계산하라.

수학 퍼즐 랜드

[해답] 호프만 방식 76249979엔
라이프니츠 방식 69788378엔

매년 배상액이 A엔, 이율이 r일 때 n년간 배상 총액은 호프만 방식이면

$$\frac{A}{1+r}+\frac{A}{1+2r}+\cdots\cdots+\frac{A}{1+nr}$$

이다. 또 라이프니츠 방식이면

$$\frac{A}{(1+r)}+\frac{A}{(1+r)^2}+\cdots\cdots+\frac{A}{(1+r)^n}$$

로 계산된다.

앞의 봉급자의 예에 결부시키면 호프만 방식의 경우는

$$\frac{560}{1.05}+\frac{560}{1.10}+\cdots\cdots+\frac{560}{2.00}$$

$$=13.61606764 \times 560$$

$$=7624.997878(만 엔)$$

이 되며, 라이프니츠 방식으로는

$$\frac{560}{1.05}+\frac{560}{1.05^2}+\cdots\cdots+\frac{560}{1.05^{20}}$$

$$=12.46221034 \times 560$$

$$=6978.837792(만 엔)$$

실제로 신호프만 방식이 채택되고 있어서 17세 이하와 60세 이상에 대해서는 취업 가능 연수 n이 표시되어 있고 그 다음은 호프만 방식으로 계산하게 되어 있다.

라이프니츠 방식이든 호프만 방식, 신호프만 방식이든 불만인 것은 사고를 만났을 때의 연수를 기준으로 하여 A를 산출하고 있는 것이다. 봉급자인 경우, 1년마다 승급하는 것이 상식이므로 A에 일정한 승급률을 곱해야 한다고 바라고 싶다.

(3) 1표의 격차

1표의 격차가 3배 이상 있으면 위헌이라고 한다. 그래서 절대로 위헌이 되지 않는 의원의 정원 배분 방식을 생각해 보자.

전국 총인구 P를 의원 정수 K로 나눈 기준 인구수 $A(=P \div K)$를 배분의 기준으로 생각한다. 각 시·도·군·면의 인구를 P_i라고 하고 P_i를 A로 나눈 몫을 m_i, 나머지를 r_i라고 한다.

$$P_i = m_i A + r_i \quad (0 \leq r_i < A)$$

물론 P_i의 총합은 P인데, m_i의 총합 M은 일반적으로 K보다 작을 것이다. 그래서

$$k = K - M$$

이라고 놓고 k개의 선거구에 1씩 의원수를 증가 배분한다.

r_i를 큰 순서대로 $r_1, r_2, r_3 \cdots$ 이라고 하고 k번째의 선거구까지 의원수를 하나 늘린다.

$$M_i = \begin{cases} m_i + 1 & (1 \leq i \leq k) \\ m_i & (k < i) \end{cases}$$

1표의 격차가 가장 큰 것은 마지막으로 증가 배분을 받은 k번째의 선거구와 애석하게 증가 배분을 받지 못했던 $k+1$번째의 선거구이다. 어느 선거구도 의원 정수를 4인 이상으로 하였을 때, 1표의 격차가 가장 클 때에 얼마가 되는가?

[해답]   1.67배

1표의 증가 배분에 관여하지 않았던 $k+1$번째 선거구의 1의 원당 인구가 가까스로 1표의 증가 배분에 관여한 k번째 선거구의 1의원당 인구의 몇 배가 되는가 하는 것이 1표 격차의 배율 R이다.

$$R = \frac{\frac{P_{k+1}}{M_{k+1}}}{\frac{P_k}{M_k}} = \frac{(m_k+1)(m_{k+1}A+r_{k+1})}{m_{k+1}(m_kA+r_k)}$$

그런데 $r_{k+1} < A$ 이고 $0 \leq r_k$ 이므로

$$R < \frac{(m_k+1)(m_{k+1}A+A)}{m_{k+1}m_kA} = (1+\frac{1}{m_k})(1+\frac{1}{m_{k+1}})$$

각 선거구의 의원 정수가 4인 이상이면
$M_k = m_k+1 \geq 4$, $M_{k+1} = m_{k+1} \geq 4$ 이므로

$$R < (1+\frac{1}{3})(1+\frac{1}{4}) = \frac{5}{3} = 1.666\cdots$$

각 선거구의 의원 정수가 3인 이상이면

$$R < (1+\frac{1}{2})(1+\frac{1}{3}) = 2$$

또한 각 선거구의 의원 정수가 2인 이상이라고 하여도 $R < 3$ 이 되어 가까스로 위헌이 되지 않는다.

(4) 피타고라스 음계

현의 길이를 반으로 하면 진동수는 2배가 되고 1옥타브(8도) 높은 음이 나온다. 따라서 현의 길이를 2배로 하면 진동수가 반이 되고 1옥타브 낮은 음이 나온다.

한편, 현의 길이를 $\frac{2}{3}$배로 하면 진동수는 $\frac{3}{2}$배가 되어 5도 높은 음이 나온다.

피타고라스는 이 2개의 원리만을 사용하여 여러 가지 음계를 만들었다. 예를 들면, 4도 높은 음은 1옥타브(8도) 높은 음에서 5도 내리면 되므로 현의 길이를 반으로 하고 그 현을 $\frac{3}{2}$배하면 된다. 즉 $\frac{1}{2} \times \frac{3}{2} = \frac{3}{4}$이므로 현의 길이를 $\frac{3}{4}$배하면 된다.

그러면 1도 높은 음을 만드려면 현의 길이를 얼마로 하면 되는가?

[해답] $\frac{8}{9}$배

1도의 음계에서 출발하여 8도 올리는 조작을 x회, 5도 올리는 조작을 y회 반복하면

$7x+4y+1$도

의 음계로 바뀐다. 그 때 현의 길이는

$\left(\frac{1}{2}\right)^x \times \left(\frac{2}{3}\right)^y$배

가 된다. 단, 내릴 때는 x나 y값을 마이너스로 한다.

1도('다'음)에서 출발하여 1도 높은 음('라'음)으로 바뀌는 데는

$7x+4y+1=2$

를 만족하는 정수 x, y를 구하면 된다.

$7(x+1)=4(y-2)$

가 되므로

$x=4n-1, y=7n+2$

가 된다. 간단한 해로서는

도	1	2	3	4	5	6	7	8
음명	다	라	마	바	사	가	나	다
현 길이	1	$\frac{8}{9}$	$\frac{64}{81}$	$\frac{3}{4}$	$\frac{2}{3}$	$\frac{16}{27}$	$\frac{128}{243}$	$\frac{1}{2}$

피타고라스의 장음계

$x=-1, y=2$

이므로 1옥타브 내린 후 5도 올리는 조작을 2회 반복하면 된다. 따라서 현의 길이를 $\left(\frac{1}{2}\right)^{-1} \times \left(\frac{2}{3}\right)^2 = \frac{8}{9}$ 배로 하면 되는 것을 알게 된다.

(5) 바코드의 체크 코드

레프트 센터 바 라이트
가드 바   가드 바

바코드라는 것은 흑과 백의 줄무늬로 되어 있다. 레이저 광선을 사용한 판독기(스캐너) 위를 바코드가 통과하는 것만으로 영수증에 품명이나 가격이 기록된다. 이 줄무늬 속에는 어떤 비밀이 숨어 있는가.

바코드에는 13자리의 숫자(30개의 흑색 바)로 된 표준형과 8자리 숫자(22개의 흑색 바)로 된 단축형이 있다. 여기서는 표준형에 대하여 설명한다.

바코드를 잘 보면 바코드의 시작과 끝, 그리고 중앙 부분에 다른 것보다 조금 긴 바가 2개씩 있는 것을 알게 된다. 처음 2개를 레프트 가드 바, 끝의 2개를 라이트 가드 바라고 한다.

글자 그대로 양 가드 바 사이에 있는 바코드를 가드하고 있다. 양 가드 바 외에는 일정 간격을 공백으로 해두어야 한다. 중앙에 있는 2개의 긴 바를 센터 바라고 한다.

센터 바의 왼쪽에는 7자리의 숫자가 있고, 센터 바의 오른쪽에도 6자리의 숫자가 있다. 왼쪽 2자리 49는 나라 코드로서 일본을 나타낸다(우리 나라는 88). 4는 레프트 가드 바의 왼쪽에 있어서 그 위에 바는 그려져 있지 않다. 아무것도 바가 그려져 있지 않는데도 왜 4를 나타내는가에 대해서는 뒤에서 설명한다. 양 가드 바 사이의 12개의 숫자는 모두 2개의 흑색 바가 대응되고 있다.

그럼 위의 예에서 레프트 가드 바의 이웃 숫자 9는 바코드에서 어떻게 표시되어 있는가? 레프트 가드 바의 오른쪽에 다소 넓은 공백이 있어서 1개의 흑색 바가 있고, 또 좁은 공백이 있어서 굵은 흑색 바가 있다. 왼쪽 가는 흑색 바의 간격을 1모듈이라고 하면, 굵은 흑색 바는 2모듈로 되어 있다. 또 레프트 가드 바의 오른쪽 공백은 3모듈의 간격에서 가는 흑색 바와 굵은 흑색 바 사이의 공백은 1모듈이다. 즉 1개의 숫자는 7모듈로 표시되며 공백을 0, 검게 칠해진 모듈을 1로 나타내면 9는

0 0 0 1 0 1 1
홀수 패리티 9

　　0001011

로 표시되어 있다.

10진수	왼쪽 데이터 캐릭터	
	홀수 패리티	짝수 패리티
0	0001101	0100111
1	0011001	0110011
2	0010011	0011011
3	0111101	0100001
4	0100011	0011101
5	0110001	0111001
6	0101111	0000101
7	0111011	0010001
8	0110111	0001001
9	0001011	0010111

이 9는 1이 3개(홀수 개)있으므로 홀수 패리티이다. 센터 바에서 왼쪽 숫자에 대해서는 위의 표에 보인 것처럼 같은 수라도 홀수 패리티의 것과 짝수 패리티의 것이 있다 앞 페이지의

예로 보인 바코드

  4901622······

의 9의 오른쪽 이웃 0은

  0100111

로 표시되어 있으므로 짝수 패리티이다.

 여기서 레프트 가드 바 왼쪽의 4에 대해서 설명한다. 위에 바가 없는데 왜 4라고 읽을 수 있는가. 레프트 가드 바와 센터 바 사이의 6자리의 수 표시인 홀수 패리티와 짝수 패리티의 배열 방식에 의해서 결정된다.

 201페이지에서는

  9 0 1 6 2 2

  홀짝홀홀짝짝

이었다. 이러한 홀짝 배열 때는 4가 된다 (아래 표). 이 표 이외의 홀짝 배열이 있었다면 오류가 되므로 오판독 체크에도 유용하다.

	우측 캐릭터
0	1110010
1	1100110
2	1101100
3	1000010
4	1011100
5	1001110
6	1010000
7	1000100
8	1001000
9	1110100

0	홀홀홀홀홀홀
1	홀홀짝홀짝짝
2	홀홀짝짝홀짝
3	홀홀짝짝짝홀
4	홀짝홀홀짝짝
5	홀짝짝홀홀짝
6	홀짝짝짝홀홀
7	홀짝홀짝홀짝
8	홀짝홀짝짝홀
9	홀짝짝홀짝홀

 센터 바에서 오른쪽 숫자는 바코드에서는 어떻게 표시되는가. 이번에는 1에서 시작하여 0으로 끝나고 있다. 또한 왼쪽 데이터 캐릭터의 홀수 패리티의 0과 1을 역전시킨 것이다(물론 짝수 패리티의 것을 역순으로 읽은 것이라고 생각해도 된다). 이 경우는 1종류밖에 없으므로 오른쪽 캐릭터는 모두 짝수 패리티이다. 이렇게 하면 바코드를 왼쪽부터 읽었는가, 오른쪽부터 읽었는가를 알게 되기 때문이다.

바코드상의 12자리가
　490162200122☐
일 때, 마지막 자리는 어떻게 계산하는가?
　4⑨0①6②2⓪0①2②
동그라미를 붙인 6개의 숫자의 합을 구한다.
　9+1+2+0+1+2=15
이 답을 3배한다.
　15×3=45…………①
체크 코드 이외의 동그라미를 붙이지 않은 나머지 6개 숫자의 합을 구한다.
　4+0+6+2+0+2=14……②
의 ①과 이 ②의 합을 구한다.
　45+14=59
이 답의 아래 1자리 숫자를 구하고 이것을 10에서 뺀다.
　10-9=1
이 1이 체크 코드이다.
그럼 문제이다. 위 12자리가
　490148004269☐
의 체크 코드를 구하라.

[해답] 5

$9+1+8+0+2+9=29,\ 29 \times 3=87$
$4+0+4+0+4+6=18,\ 87+18=105,\ 10-5=5$

따라서 체크 코드는 5이다.

이러한 바코드를 무엇 때문에 이용하는가. 먼저 업자에게 대단한 장점이 있기 때문이다. 바코드를 사용하면 판매 경향을 순간적으로 파악할 수 있다. 또한, 바코드에는 상품값은 포함되어 있지 않지만 스토어 컨트롤러라는 장치에 상품 코드와 단가를 입력시켜 놓으면 레지스터에 틀림없이 출력된다. 특매품의 할인 가격조차 시트에 표시된다. 업자에게는 아주 편리한 방식이다.

업자에게만이 아니라 고객에게도 몇 가지 메리트가 있다. 레지스터에서 기다리는 시간이 짧아지고 키보드를 잘못 누르는 실수도 없어지고 안심하고 레지스터에 맡길 수 있는 것, 금액뿐만 아니고 상품명까지 상세하게 표시되기 때문에 리스트를 보관해 두면 가계부 대신으로 사용할 수 있는 등 장점이 많다.

제 11 장
놀이 기구의 퍼즐
주사위의 불가사의

수학 퍼즐 랜드

주사위의 불가사의

지금의 주사위는 정육면체의 각 측면에 1개에서 6개까지 점이 새겨져 있고, 또한 반대면에 새겨진 점과의 합계가 언제나 7이 된다. 이것을 '7점 원리'라고 하기로 한다.

또 하나의 특징은 '좌회전의 원리'이다. 1, 2, 3이라는 면에 새기는 방식이 시계 바늘이 도는 방향과 반대로 되어 있다. 이것을 왼손 손가락을 3개 펴서 보이면 엄지손가락 방향이 1과 2의 경계선을 나타내며, 집게손가락 방향이 2와 3개의 경계선을, 또 가운뎃손가락이 3과 1의 경계선을 가리키고 있다. 따라서 엄지손가락과 집게손가락 사이가 2를 나타내고, 집게손가락과 가운뎃손가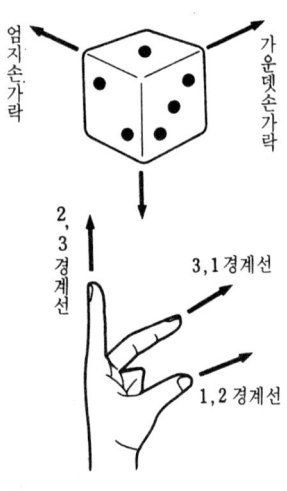
락 사이가 3을 나타낸다. 그러므로 1은 엄지손가락과 가운뎃손가락이 정하는 평면에 있다고 생각하면 된다.

1, 2, 3을 2, 3, 1이나 3, 1, 2의 순으로 보아도 좌회전이지만 어느 2개의 순서를 바꾸면 우회전이 된다. 즉 1, 3, 2나 2, 1, 3 및 3, 2, 1 등은 우회전이다. 또 1, 2, 3 중 어떤 1개를 반대의 수(더하여 7이 되는 수)로 바꾸면 우회전으로 바뀐다. 예를 들면, 2를 그 반대의 수 5로 바꾼 것, 1, 5, 3은 우회전이다. 또한 이 3과 5를 바꾼 1, 3, 5는 다시 좌회전이 된다.

이렇게 1, 2, 3 뿐만 아니라 4, 5, 6도 좌회전이고, 홀수 배열 1, 3, 5나 짝수 배열 2, 4, 6은 좌회전인 것을 알게 된다. 이들을 기억해 두면 다음 퍼즐을 생각하는 데 쓸모있다. 또 2, 3, 6 등의 점을 붙이는 방향도 기억해 두면 좋다.

문제 1 오른쪽 그림과 같이 주사위의 2면(왼쪽이 1이고 오른쪽이 4)밖에 보이지 않는다. 윗면은 얼마인가?

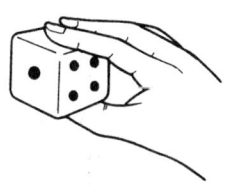

1, 2, 3이 좌회전이므로 1, 2, 4는 우회전이다. 그래서 뒷면은 2이고 점은 그림과 같은 방향으로 되어 있다.

문제 2 정육면체의 전개도가 다음의 11종류 있다는 것은 잘 알려져 있다. 이것을 주사위의 전개도로서 보는 것과 올바르지 않은 것이 있다. 올바르지 않은 것은 몇 번과 몇 번인가? 올바르지 않는 것은 올바르게 정정한다.

단, 이 전개도에 그려진 면이 앞에 오도록 정육면체를 조립하는 것으로 한다.

수학 퍼즐 랜드

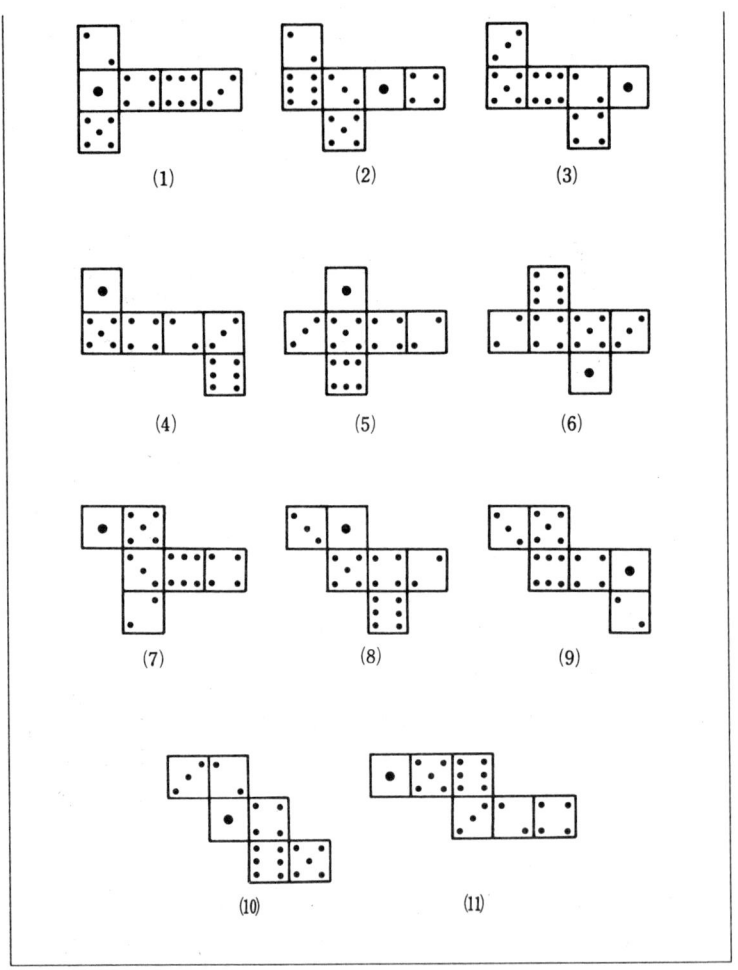

이 중 올바른 것은 (4), (7), (11)이다. (3)은 '좌회전 원리'를 만족하지 않고, (10)은 '7점 원리'를 만족하지 않는다. 다음은 2, 3, 6점의 배열이 올바르지 않는 것이다. 올바른 전개도의 하나는 다음과 같이 된다(이 이외에도 올바른 답이 있다).

제11장 놀이 기구의 퍼즐

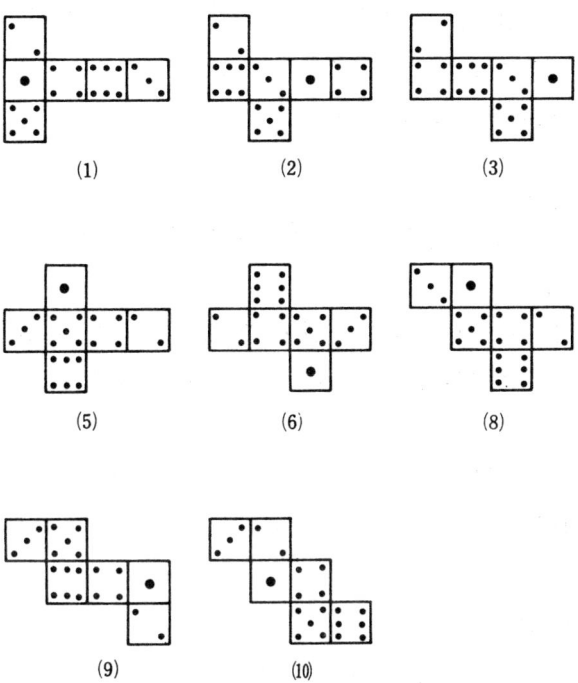

주사위를 사용한 수를 맞추는 퍼즐을 소개한다. 내가 뒤돌아 있는 동안 친구에게 3개의 주사위 면을 더하도록 한다. 이어 이들 3개의 주사위 중 어느 1개의 주사위의 반대면의 수를 지금 답에 더하게 하고 그 주사위를 다시 한번 던지게 하여 다시 나온 숫자를 앞의 답에 더하게 한다. 이때, 정면으로 돌아서서 나온 숫자를 보기만 하면 친구가 던진 가장 마지막 답을 맞출 수 있다.

문제 3 정면으로 돌아섰을 때, 2와 4, 5의 면이 나왔다. 어느 주사위를 두 번 던졌는지는 모르지만 친구가 계산한 답은 18이라고 알게 된다.
   왜 일까?

처음에 친구가 던진 주사위면이 a, b, c였다고 하면 합은 $a+b+c$이다.

다음에 어느 1개(예를 들면 c)의 뒷면을 더하게 한다. '7점 원리'에서 c의 뒷면은 $7-c$이므로 그것을 더하면 $a+b+7$이 된다.

이어 그 주사위를 던지게 하여 그 면이 c'이라고 하면 c'을 앞의 답에 더하게 되므로 친구가 더한 답은

$a+b+7+c'$

가 되어 있다.

돌아섰을 때, a, b, c'면이 나와 있으므로 그 합에 7을 더하기만 하면 친구가 구한 마지막 답이 얻어진다.

다시 같은 문제인 주사위 수를 맞추는 퍼즐을 소개한다.

문제 4 주사위를 5개 겹쳐 놓는다. 주사위가 겹쳐졌기 때문에 겉에서 보이지 않는 면이 9개 있다. 이들 9면의 합을 암산으로 구하라. 가장 윗면은 3이었다. 가려진 면의 합은 얼마인가?

32이다. 이유를 설명한다.

역시 '7점 원리'가 해결의 열쇠이다. 5개의 주사위의 위아래 면의 합은 각각 7이므로 그 총합은 35이다. 그러나 가장 윗면

은 밖에서 보인다. 이 경우는 3이었으므로 이것을 빼면 32. 이것이 가려진 9면의 합이다.

끝으로 주사위 던지기 퍼즐을 내보겠다.

문제 5 주사위면 크기의 정사각형 9개로 3행 3열의 바둑판을 만들고 그 중앙에[(5)가 되는 곳] 주사위 1면을 위로 되게 놓는다. 전면은 2이고 우측면은 3이라고 한다.

주사위를 세로 또는 가로로 회전시켜 1눈씩 이동시켜 상하의 (1)이 있는 곳에 처음 주사위와 같은 방향에 되세 한다.

같은 방향이라는 것은 윗면이 1이라는 것 뿐만 아니고 전면이 2, 우측이 3이 되게 하는 것이다.

먼저 (6)으로 굴리고, 다음에 (3)으로 굴리고, (2)로 굴리면 틀림없이 윗면에 1이 오는데, 우회전으로 90° 회전하고 있다. 이것은 ┐자를 아래 왼쪽으로 쓰고 있으므로 이번에는 ㄴ자를 오른쪽 위에서 쓰면 좌회전으로 90° 회전하게 되어 처음으로 되돌아갈 것이다.

결국,

(5) → (6) → (3) → (2) → (5)
→ (4) → (1)

로 하는 순서가 답이 된다.

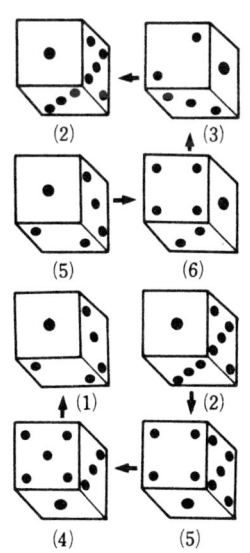

수학 퍼즐 랜드

(1) 트럼프 마술

친구에게 조커를 제외한 트럼프의 카드 52매를 주고 어느 모임도 10매 이상이 되도록 적당히 3개의 모임으로 나누게 한다. 그리고 각 모임의 매수를 세게 한다(예를 들면, 제1의 모임이 16매, 제2의 모임이 21매, 제3의 모임이 15매였다고 한다).

이때, 각 모임의 매수의 10자리와 1자리의 합을 계산하게 하고, 그들 3개의 수의 합을 구하게 한다. 그 답이 2자리가 되면, 역시 10자리와 1자리의 합을 계산하게 한다(앞의 예에서는 1+6=7, 2+1=3, 1+5=6을 계산하여 그들의 합 7+3+6+=16을 구하는데 이 답은 2자리이므로 1+6+7을 구한다).

이 답 n(앞의 예에서는 7)을 들은 다음에 제1의 모임 위에서 n매째의 카드를 맞춰 보는 퍼즐이다.

왜 잘 맞출 수 있는가 그 이유를 생각해 보라.

제11장 놀이 기구의 퍼즐

[해답] 7매째의 카드를 기억해 둔다.

어떤 모임으로 나눠도 답은 언제나 7이 된다. 따라서 제1의 모임의 7매째를 기억해 두면 된다.

어떻게 나누어도 언제나 답은 7이 되는 것은 왜일까?

'어떤 수의 각 자리의 숫자의 합을 구하는 것은 N을 9로 나눈 나머지를 구하는 것과 같다'

예를 들면, N이 $10a+b$일 때

$$N = 10a+b = 9a+(a+b)$$

이므로 $a+b$야말로 N을 9로 나눈 나머지에 해당한다(해당한다고 말한 것은 $a+b$가 다시 2자리 이상이 되면 그 각 자리의 숫자를 구하는 깃을 포함하여 마지막 $a+b$를 9로 나눈 나머지를 한다는 것을 나타내기 위해서이다).

L매, M매, N매, 3개의 모임을 9로 나눈 나머지를 각각 r, s, t라고 한다.

$$L=9x+r, M=9y+s, N=9z+t$$

라고 하면 $L+M+N$은 52이므로

$$52 = 9(x+y+z) = r+s+t$$

즉, $r+s+t$를 9로 나눈 나머지는 언제나 52를 9로 나눈 나머지 7과 같다.

52매 중, 몇 매를 제외하고 하는 것도 좋을 것이다. 예를 들면, 4매의 카드를 제외한 경우, 카드는 48매이므로 위에서 3매째 카드를 기억해 두면 된다.

(2) 바둑돌의 수식

바둑돌을 놓아 전탁 숫자의 수식을 만든다. 0에서 9까지의 숫자는 다음과 같이 나타낼 수 있다고 한다.

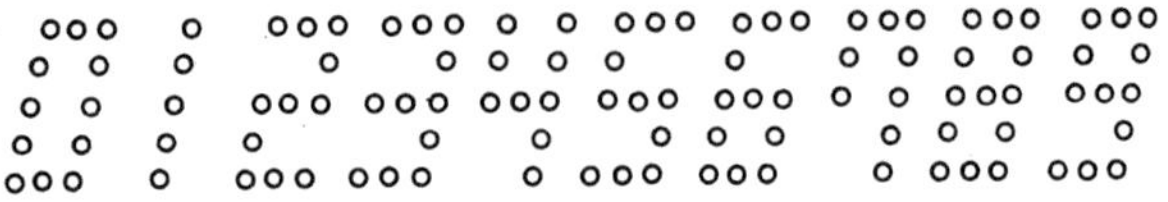

또 +나, −, =도 바둑돌 5개, 3개, 6개를 사용하여 나타내기로 한다.

문제 1 다음 등식

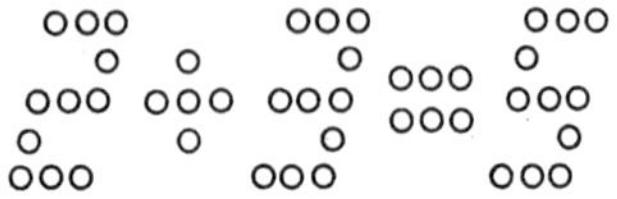

가 성립되는데, 이 중 2개의 바둑돌을 움직여 새 등식을 만들어라.

문제 2 마찬가지로 등식

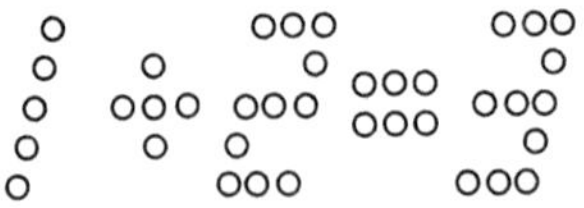

가 성립된다. 새롭게 3개의 바둑돌을 추가하여 새로운 등식을 만들어라.

제11장 놀이 기구의 퍼즐

〔해답〕 문제 1. 다음과 같은 4개의 해가 있다.
문제 2. 다음과 같은 3개의 해가 있다.

문제 2

흑으로 나타낸 돌이 움직인 돌인데 이것으로 새 등식이 만들어진다.

다음 2개의 해는 상하를 역방향으로 본 것이다.

문제 2

추가한 바둑돌을 흑으로 나타낸다.

다음 2개의 해는 추가한 돌을 소수점으로 이용한다.

(3) 검은 돌을 둘러싼다

세로 또는 가로로 이어진 n개의 검은 바둑돌이 있다(비스듬히 놓은 돌은 이어졌다고 하지 않기로 한다). 이것을 검은 돌과 같은 개수의 n개의 흰 돌로 둘러싸라. 둘러싼다는 것은 바둑 규칙에서 검은 돌이 잡히는 것을 말한다.

최소의 n은 3이다. 오른쪽 그림의 3개의 검은 돌을 구석에 놓으면 3개의 흰 돌로 잡을 수 있다. 구석이 아니고 변 위에 검은 돌을 놓을 때 n의 최소값은 6이다.

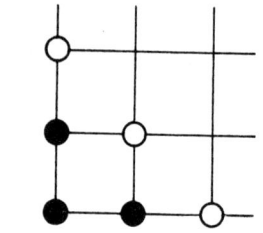

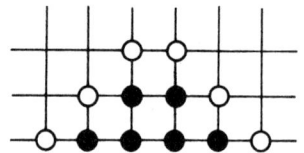

문제 2 검은 돌을 중앙 부분에 놓았을 때의 n의 최소값은 얼마인가?

문제 2 n의 최대값은 얼마인가?

제11장 놀이 기구의 퍼즐

〔해답〕 문제 1. $n=12$
문제 2. $n=180$

문제 1

11개의 검은 돌을 둘러싸는 데 아무래도 12개의 흰 돌이 필요하게 된다.

오른쪽 그림과 같이 하면 12개의 검은 돌을 12개의 흰 돌로 둘러쌀 수 있다(실은 13개의 검은 돌마저 12개의 흰 돌로 쌀 수 있지만).

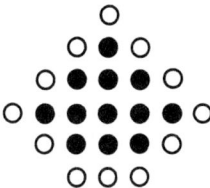

문제 2

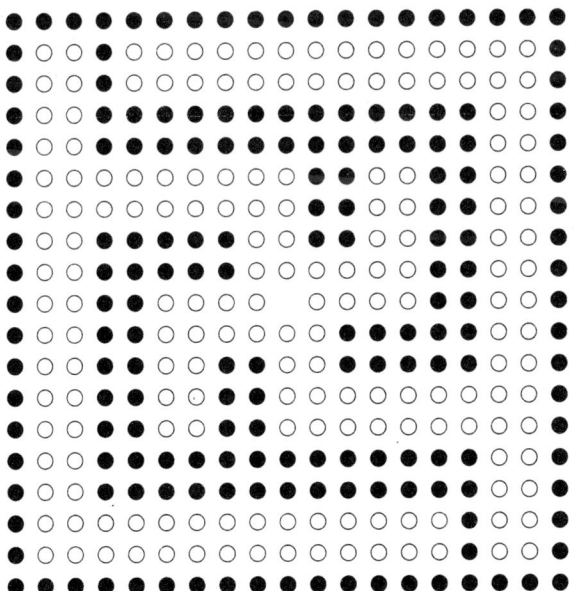

바둑눈은 19행 19열이므로 $19 \times 19 = 361$의 칸이 있다. 거기

에 흑백 동수로 놓을 수 있는 최대 개수는 180개씩이다. 앞 페이지의 그림과 같이 흑 180개를 백 180개로 둘러싸고 있고, 마지막에 놓은 흰 돌로 180개의 검은 돌을 전부 잡을 수 있다 (물론 흑백 180개씩의 바둑돌을 놓는 방법은 이 이외에도 여러 가지 방법이 있다).

후기

　요즈음은 퀴즈, 퍼즐이 붐이라고 한다. 퀴즈나 퍼즐에 관한 전문 잡지가 많이 발행되고 있는 것을 보아도 이것을 잘 알 수 있다.
　이 책 속에는 기억하고 있는 지식만으로 푸는 퀴즈적 문제는 포함되어 있지 않다. 또, 알고리즘(풀기 위한 수준)이 있는 것은 자명하지만, 나중에는 끈기만에 의하여 하나하나 체크하면서 드디어 답에 도달하게 되는 근성 퀴즈도 포함되어 있지 않다.
　푸는 데는 아이디어도 필요하고, 수학적으로 정식화한 다음에 수식 처리하는 것이 필요한 문제가 많이 있다. 그러나 여기서 사용되고 있는 수학은 특별한 경우를 제외하면 대부분이 중학교까지 배우는 수학이다.
　이 책을 쓰게 된 동기의 하나는 학습 지도 요령의 개정이 있었다. 그중에 특히 중학교에서는 '과제 학습'이라는 것을 다루게 되어 있다. 그때문에 오사카 부(大阪府)의 과학 교육 센터의 선생님들[후쿠하라(福原公雄), 오쿠라(奧田義和), 시모데(下出心)의 여러 선생님]에게 의논한 일도 있었다. 그러나 이것은 무리한 의논이었다.
　과제 학습 교재가 이미 책으로 출판되었다면 학생들에게 학습 내용을 가르쳐 주는 일이 된다. 과제 학습은 가르쳐 주는 지식이 아니고 스스로 생각하여 해결하는 데에 하나의 목적이 있기 때문이다. 그러나 선생님들이 이 책에서 소재를 찾아내어

과제 학습의 테마를 찾아내는 것은 충분히 가능하리라 생각된다.

  이 책을 쓰는 데 있어서 많은 분께 신세를 졌다. 앞에서도 얘기한 오사카 부 과학 교육 센터의 후쿠하라 씨, 오쿠라 씨, 시모데 씨, 또 책 속에서도 얘기한 아도에 씨, 가미야마 씨, 가타기리 씨, 다나카(田中昭太郞) 씨, 다나카(田中正彦) 씨, 다무라 씨, 히로세 씨, 야베 씨, 요시무라 씨에게 감사의 뜻을 표하고 싶다.

  또 제7장의 해시계 등의 기사에 대해서는 이케다(池田淑) 씨로부터 적절한 충고를 받았다. 끝으로 언제나 그렇듯이 고단샤(講談社)의 도에(大江千尋) 씨에게는 큰 도움을 받았다. 많은 분들 덕분에 이런 책이 완성된 것을 감사하면서 펜을 놓는다.

다무라 사부로

수학 퍼즐 랜드   B156
- 친근한 소재로 퍼즐을 푼다 -

초판 1994년 5월 25일
2쇄 2006년 2월 10일

옮긴이　한명수
펴낸이　손영일
펴낸곳　전파과학사
　　　　서울시 서대문구 연희2동 92-18
등　록　1956. 7. 23 / 제10-89호
전　화　333-8877, 8855
팩　스　334-8092

www.s-wave.co.kr
E-mail : s-wave@s-wave.co.kr

ISBN 89-7044-156-5　　　03410

BLUE BACKS 한국어판 발간사

블루백스는 창립 70주년의 오랜 전통 아래 양서발간으로 일관하여 세계유수의 대출판사로 자리를 굳힌 일본국·고단샤(講談社)의 과학계몽 시리즈다.

이 시리즈는 읽는이에게 과학적으로 사물을 생각하는 습관과 과학적으로 사물을 관찰하는 안목을 길러 일진월보하는 과학에 대한 더 높은 지식과 더 깊은 이해를 더하려는 데 목표를 두고 있다. 그러기 위해 과학이란 어렵다는 선입관을 깨뜨릴 수 있게 참신한 구성, 알기 쉬운 표현, 최신의 자료로 저명한 권위학자, 전문가들이 대거 참여하고 있다. 이것이 이 시리즈의 특색이다.

오늘날 우리나라는 일반대중이 과학과 친숙할 수 있는 가장 첩경인 과학도서에 있어서 심한 불모현상을 빚고 있다는 냉엄한 사실을 부정할 수 없다. 과학이 인류공동의 보다 알찬 생존을 위한 공동추구체라는 것을 부정할 수 없다면, 우리의 생존과 번영을 위해서도 이것을 등한히 할 수 없다. 그러기 위해서는 일반대중이 갖는 과학지식의 공백을 메워 나가는 일이 우선 급선무이다. 이 BLUE BACKS 한국어판 발간의 의의와 필연성이 여기에 있다. 또 이 시도가 단순한 지식의 도입에만 목적이 있는 것이 아니라, 우리나라의 학자·전문가들도 일반대중을 과학과 더 가까이 하게 할 수 있는 과학물저작활동에 있어 더 깊은 관심과 적극적인 활동이 있어 주었으면 하는 것이 간절한 소망이다.

1978년 9월
발행인 孫 永 壽

도서목록

BLUE BACKS

① 광합성의 세계
② 원자핵의 세계
③ 맥스웰의 도깨비
④ 원소란 무엇인가
⑤ 4차원의 세계
⑥ 우주란 무엇인가
⑦ 지구란 무엇인가
⑧ 새로운 생물학
⑨ 마이컴의 제작법(절판)
⑩ 과학사의 새로운 관점
⑪ 생명의 물리학
⑫ 인류가 나타난 날 I
⑬ 인류가 나디난 날 II
⑭ 잠이란 무엇인가
⑮ 양자역학의 세계
⑯ 생명합성에의 길
⑰ 상대론적 우주론
⑱ 신체의 소사전
⑲ 생명의 탄생
⑳ 인간영양학(절판)
㉑ 식물의 병(절판)
㉒ 물성물리학의 세계
㉓ 물리학의 재발견(상)
㉔ 생명을 만드는 물질
㉕ 물이란 무엇인가
㉖ 촉매란 무엇인가
㉗ 기계의 재발견
㉘ 공간학에의 초대
㉙ 행성과 생명
㉚ 구급의학 입문(절판)
㉛ 물리학의 재발견(하)
㉜ 열번째 행성
㉝ 수의 장난감상자
㉞ 전파기술에의 초대
㉟ 유전독물
㊱ 인터페론이란 무엇인가
㊲ 쿼 크
㊳ 전파기술입문
㊴ 유전자에 관한 50가지 기초지식
㊵ 4차원 문답
㊶ 과학적 트레이닝(절판)
㊷ 소립자론의 세계
㊸ 쉬운 역학 교실
㊹ 전자기파란 무엇인가
㊺ 초광속입자 타키온
㊻ 파인 세라믹스
㊼ 아인슈타인의 생애
㊽ 식물의 섹스
㊾ 바이오테크놀러지
㊿ 새로운 화학
㉝ 나는 전자이다
㉞ 분자생물학 입문
㉟ 유전자가 말하는 생명의 모습
㊱ 분체의 과학
㊲ 섹스 사이언스
㊳ 교실에서 못배우는 식물이야기
㊴ 화학이 좋아지는 책
㊵ 유기화학이 좋아지는 책
㊶ 노화는 왜 일어나는가
㊷ 리더십의 과학(절판)
㊸ DNA학 입문
㊹ 아몰퍼스
㊺ 안테나의 과학
㊻ 방정식의 이해와 해법
㊼ 단백질이란 무엇인가
㊽ 자석의 ABC
㊾ 물리학의 ABC
㊿ 천체관측 가이드
㉞ 노벨상으로 말하는 20세기 물리학
㉟ 지능이란 무엇인가
㊱ 과학자와 기독교
㊲ 알기 쉬운 양자론
㊳ 전자기학의 ABC
㊴ 세포의 사회
㊵ 산수 100가지 난문·기문
㊶ 반물질의 세계
㊷ 생체막이란 무엇인가
㊸ 빛으로 말하는 현대물리학
㊹ 소사전·미생물의 수첩
㊺ 새로운 유기화학
㊻ 중성자 물리의 세계
㊼ 초고진공이 여는 세계
㊽ 프랑스 혁명과 수학자들
㊾ 초전도란 무엇인가
㊿ 괴담의 과학
㊸ 전파란 위험하지 않은가

도서목록

BLUE BACKS

- ⑧⑦ 과학자는 왜 선취권을 노리는가?
- ⑧⑧ 플라스마의 세계
- ⑧⑨ 머리가 좋아지는 영양학
- ⑨⑩ 수학 질문 상자
- ⑨① 컴퓨터 그래픽의 세계
- ⑨② 퍼스컴 통계학 입문
- ⑨③ OS/2로의 초대
- ⑨④ 분리의 과학
- ⑨⑤ 바다 야채
- ⑨⑥ 잃어버린 세계·과학의 여행
- ⑨⑦ 식물 바이오 테크놀러지
- ⑨⑧ 새로운 양자생물학
- ⑨⑨ 꿈의 신소재·기능성 고분자
- ⑩⑩ 바이오테크놀러지 용어사전
- ⑩① Quick C 첫걸음
- ⑩② 지식공학 입문
- ⑩③ 퍼스컴으로 즐기는 수학
- ⑩④ PC통신 입문
- ⑩⑤ RNA 이야기
- ⑩⑥ 인공지능의 ABC
- ⑩⑦ 진화론이 변하고 있다
- ⑩⑧ 지구의 수호신·성층권 오존
- ⑩⑨ MS-Windows란 무엇인가
- ⑩⑩ 오답으로부터 배운다
- ⑪① PC C언어 입문
- ⑪② 시간의 불가사의
- ⑪③ 뇌사란 무엇인가?
- ⑪④ 세라믹 센서
- ⑪⑤ PC LAN은 무엇인가?
- ⑪⑥ 생물물리의 최전선
- ⑪⑦ 사람은 방사선에 왜 약한가?
- ⑪⑧ 신기한 화학매직
- ⑪⑨ 모터를 알기쉽게 배운다
- ⑫⑩ 상대론의 ABC
- ⑫① 수학기피증의 진찰실
- ⑫② 방사능을 생각한다
- ⑫③ 조리요령의 과학
- ⑫④ 앞을 내다보는 통계학
- ⑫⑤ 원주율 π의 불가사의
- ⑫⑥ 마취의 과학
- ⑫⑦ 양자우주를 엿보다
- ⑫⑧ 카우스와 프랙털
- ⑫⑨ 뇌 100가지 새로운 지식
- ⑬⑩ 만화수학소사전
- ⑬① 화학사 상식을 다시보다
- ⑬② 17억 년 전의 원자로
- ⑬③ 다리의 모든 것
- ⑬④ 식물의 생명상
- ⑬⑤ 수학·아직 이러한 것을 모른다
- ⑬⑥ 우리 주변의 화학물질
- ⑬⑦ 교실에서 가르쳐주지 않는 지구이야기
- ⑬⑧ 죽음을 초월하는 마음의 과학
- ⑬⑨ 화학재치문답
- ⑭⑩ 공룡은 어떤 생물이었나
- ⑭① 시세를 연구한다
- ⑭② 스트레스와 면역
- ⑭③ 나는 효소이다
- ⑭④ 이기적인 유전자란 무엇인가
- ⑭⑤ 인재는 불량사원에서 찾아라
- ⑭⑥ 기능성 식품의 경이
- ⑭⑦ 바이오 식품의 경이
- ⑭⑧ 몸속의 원소여행
- ⑭⑨ 궁극의 가속기 SSC와 21세기 물리학
- ⑮⑩ 지구환경의 참과 거짓
- ⑮① 중성미자 천문학
- ⑮② 제2의 지구란 있는가
- ⑮③ 아이는 이처럼 지쳐 있다
- ⑮④ 한의학에서 본 병아닌 병
- ⑮⑤ 화학이 만드는 경이의 기능재료

도서목록

현대과학신서

- A1 일반상대론의 물리적 기초
- A2 아인슈타인 I
- A3 아인슈타인 II
- A4 미지의 세계로의 여행
- A5 천재의 정신병리
- A6 자석 이야기
- A7 러더퍼드와 원자의 본질
- A9 중력
- A10 중국과학의 사상
- A11 재미있는 물리실험
- A12 물리학이란 무엇인가
- A13 불교와 자연과학
- A14 대륙은 움직인다
- A15 대륙은 살아있다
- A16 창조 공학
- A17 분자생물학 입문 I
- A18 물
- A19 재미있는 물리학 I
- A20 재미있는 물리학 II
- A21 우리가 처음은 아니다
- A22 바이러스의 세계
- A23 탐구학습 과학실험
- A24 과학사의 뒷얘기 I
- A25 과학사의 뒷얘기 II
- A26 과학사의 뒷얘기 III
- A27 과학사의 뒷얘기 IV
- A28 공간의 역사
- A29 물리학을 뒤흔든 30년
- A30 별의 물리
- A31 신소재 혁명
- A32 현대과학의 기독교적 이해
- A33 서양과학사
- A34 생명의 뿌리
- A35 물리학사
- A36 자기개발법
- A37 양자전자공학
- A38 과학 재능의 교육
- A39 마찰 이야기
- A40 지질학. 지구사 그리고 인류
- A41 레이저 이야기
- A42 생명의 기원
- A43 공기의 탐구
- A44 바이오 센서
- A45 동물의 사회행동
- A46 아이적 뉴턴
- A47 생물학사
- A48 레이저와 홀러그러피
- A49 처음 3분간
- A50 종교와 과학
- A51 물리철학
- A52 화학과 범죄
- A53 수학의 약점
- A54 생명이란 무엇인가
- A55 양자역학의 세계상
- A56 일본인과 근대과학
- A57 호르몬
- A58 생활속의 화학
- A59 셈과 사람과 컴퓨터
- A60 우리가 먹는 화학물질
- A61 물리법칙의 특성
- A62 진화
- A63 아시모프의 천문학입문
- A64 잃어버린 장
- A65 별·은하·우주

도서목록

현대과학신서

※ 빠진 번호는 중간된 것임

- ⑲ 현대물리학입문
- ㉗ 중성자 이야기
- ㉙ 식물과 물
- ㊺ 연금술
- ㊽ 양자생물학
- ㊾ 동물의 형태형성(개정판)
- ㊿ 인간의 행동은 고쳐질 수 있는가?
- ⑧⑴ 한국의 자연보호
- ⑩⑥ 의학과 철학의 대화
- ⑩⑼ OR 이란?
- ⑩ 탐구적 과학지도기술
- ⑭ 과학교육과 인간성
- ⑫⑶ 소프트 에너지

- ⑫⑷ 우주의 종말
- ⑫⑼ 과학기술과 연구시스템
- ⑬⓪ 심장마비
- ⑬⑴ 과학의 나무를 심는 마음
- ⑬⑵ 소립자 연극
- ⑬⑶ 원소의 작은 사전
- ⑬⑷ 5차원의 세계
- ⑬⑹ 광일렉트로닉스와 광통신
- ⑬⑻ 화학의 기본 6가지 법칙
- ⑬⑼ 꽃 속의 단물을 음미하는 아이들

과학선서

세계수학문화사
원은 닫혀야 한다
농토의 황폐
핵발전·방사선·핵폭탄
현대과학 어디까지 왔나
알기쉬운 미적분
암—그 과학과 사회성
바다—그 환경과 생물
엄마젖이 최고야!

현대 초등과학교육론
환경과학입문
연료전지
임상적 사고진단기술

학생수학시리즈

- ① 수학의 토픽스
- ② 수학의 영웅들
- ③ 수학과 미술
- ④ 수학의 흐름
- ⑤ 위대한 수학자들